AF357563

DE LA
Statistique des Subsistances
ET DES
COMICES AGRICOLES;

CRÉATION DES COMICES COMMUNAUX, POUR ORGANISER LES TRAVAUX DE CETTE STATISTIQUE, PROPAGER L'ENSEIGNEMENT AGRICOLE, RURAL, SUR PLACE, ET, PAR LA, AMENER LA VIE A BON MARCHÉ.

TOME SECOND.

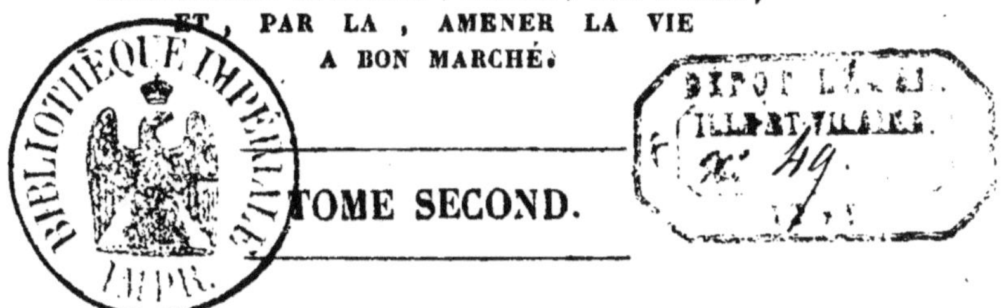

DES COMICES AGRICOLES,

Par Amédée BERTIN,

Docteur en médecine, membre de la Légion-d'Honneur, ancien SousPréfet de Fougères, ancien Représentant d'Ille-et-Vilaine.

Instruction et fumage, tout est là.

Instruction, sur place, par les conférences agricoles du Dimanche;

Fumage, par pâturage et labourage.

1850

A Paris, à la *Librairie Agricole*, rue Jacob, 26. | Dans les départements d'Ille-et Vilaine, Manche et Mayenne.

FOUGÈRES, IMP. A. DOUCHIN.

PRÉFACE.

Dans le tome premier, où nous parlons de la statistique des subsistances, si plusieurs de nos propositions paraissent très-rationnelles, cependant elles ne le sont qu'en théorie; elles n'ont reçu, qu'en partie, la sanction de l'expérience.

Il n'en sera plus de même dans ce tome second : Rien, pour ainsi dire, de ce dont nous y parlons, n'est théorique; tout ce que nous proposons, nous l'avons mis, ou il a été mis en pratique avec succès. Le temps, l'expérience, la réflexion n'ont fait que nous confirmer dans les idées, qui nous ont toujours guidé, de 1830 à 1848, pendant que nous avons administré l'arrondissement de Fougères. Ce petit livre contient le résumé de quelques-uns des principaux actes de notre administration, qui, plus d'une fois, ont d'abord été mal compris par nos administrés. Et cependant si on se reporte aux événements politiques et sociaux, aux années de cherté des subsistances, qui sont survenus depuis 1848, on doit reconnaître, aujourd'hui, que nous étions bien dans la question, en parlant souvent d'association, d'organisation, d'agriculture; en faisant toujours intervenir ces idées dans la pratique.

Une révolution est venue mettre à l'ordre du jour toutes ces idées de paix et d'organisation, sans pouvoir les réaliser; et, la tourmente terminée, le Gouvernement actuel les met successivement en pratique, à la satisfaction de tout le monde. Mais il reste encore bien à faire, avant d'avoir vulgarisé, d'avoir fait passer dans la pratique de toutes choses, ce grand principe d'organisation sociale, *la variété dans l'unité*, cette loi de Dieu, qui préside à l'ordre harmonieux qui règne dans toutes les œuvres de la création, et à l'application de laquelle nous devons tous nos succès administratifs.

« On reconnaîtra, un jour, ce que vous eussiez valu, » si on vous eût laissé faire, » nous disait un ancien préfet d'Ille-et-Vilaine, M. de la Villegontier, pair de France. Il avait raison, mais ce n'était pas nous qui eussions fait, c'eût été ce sentiment de la variété dans l'unité, que Dieu nous a donné et qui nous a inspiré un peu de cette science de l'ordre, de l'organisation, de l'administration dont nous avons fait, quelquefois, d'heureuses applications. Il serait bien utile d'étendre de plus en plus, à la société française, l'application de ces grands principes d'unité, d'ensemble, d'organisation sous toutes les formes diverses, sous toutes les manifestations différentes, les noms variés qu'ils peuvent affecter: Association, corporation, assurance plus ou moins étendue, mutualité, solidarité, ou CHARITÉ CHRÉTIENNE, mot qui comprend tout. Peu importe le nom ou la forme : la vérité est une, mais elle est variable dans ses manifestations, pour pouvoir se prêter à tous les besoins, à toutes les circonstances, à toutes les natures d'esprit.

Espérons que les applications, que nous avons faites de ce principe chrétien, si fécond, et dont nous parlerons dans ces souvenirs administratifs, engageront quelques administrateurs à suivre une voie, où ils trouveront certainement le succès. Et cela est bien à désirer, tant la vulgarisation de ces idées marche lentement. Ainsi, presque tout ce que nous écrivons dans cet ouvrage, nous l'avons déjà écrit ailleurs, et surtout depuis 1837, dans le journal *la Chronique de Fougères*; cependant nous pouvons le répéter, comme si cela était nouveau, et, en effet, ce sera encore nouveau pour beaucoup trop de personnes.

Dans cet écrit, nous avons rapporté des faits, des opinions, que nous n'approuvons pas : c'est uniquement pour appuyer notre manière de voir, et non par un esprit de dénigrement, qui n'est nullement dans nos habitudes.

AVANT-PROPOS.

LA VIE A BON MARCHÉ.

> La vie à bon marché est dans la généralisation de
> l'instruction agricole, et c'est une question de temps ;
> les plantes et les animaux ne rapportent qu'une fois l'an.

C'est surtout en vue des années de mauvaises récoltes, qu'il faut faire les plus grands efforts pour développer les richesses nationales ; or, l'Agriculture est l'Industrie-mère, la source de toutes les richesses. Le défaut de capitaux, la division, l'enchevêtrement des terres, les baux trop courts, le métayage, la vaine pâture, etc., sont des causes secondaires de notre infériorité agricole. La cause principale est le défaut d'instruction agricole. Le défaut d'instruction agricole des hommes instruits et des propriétaires est au moins aussi ou plus nuisible au progrès de l'agriculture, que celui des laboureurs. On reconnaît que ce défaut d'instruction agricole, qui est général, est le plus grand obstacle aux progrès de l'agriculture, et on ne fait rien de général et d'efficace pour le détruire.

LA VIE A BON MARCHÉ est dans une immense production agricole ; pour produire immensément et à bon marché, il faut savoir comment s'y prendre, avoir l'INSTRUCTION AGRICOLE ; cette immense production à bon marché est dans la généralisation rapide de l'instruction agricole ; cette généralisation rapide

est dans la création d'une *agitation* agricole générale , permanente ; cette agitation est dans la distribution à tout individu, de
tout âge et de tout sexe , sachant lire, d'ouvrages d'agriculture
très-courts, à très-bas prix ; dans les lectures agricoles à haute
voix , les conférences agricoles du Dimanche dans chaque commune ; dans la plus grande publicité donnée à tous' les faits
agricoles. Et comme il n'y a qu'une moisson chaque année, une
immense production agricole à bon marché est en outre une
question de *temps*. Tous les autres moyens d'améliorer l'agriculture (drainage , défrichement, irrigation, banques de crédit foncier, de prêt de bestiaux à cheptel , de prêt d'argent sur consignation à domicile de produits agricoles , etc.) sont utiles ;
il faut les créer , les développer ; mais ils seront sans grande
valeur , tant que les laboureurs et les propriétaires ne sau-
ront pas s'en servir ; et l'instrument, qui leur apprendra à
s'en servir, c'est encore l'instruction agricole. *Donc, généralisation de l'instruction agricole, c'est la vie à bon marché.*

C'est cette instruction agricole , qui apprendra au laboureur
tous les moyens de produire *à bon marché*, qui lui apprendra :

POUR LES ENGRAIS. — Que, lorsque toutes les pratiques agricoles donnent un bénéfice d'*un* franc, le fumier en donne un de
quatre francs. — A ne plus perdre le *tiers* des engrais produits,
ni beaucoup de litières ; *une* poignée de paille en donnant *deux*
de fumier ; les déjections, que rend un homme par an, donnant
trois hectolitres de blé, ce qu'il en mange en un an.— A ne pas
perdre les *trois quarts* de la partie active des fumiers employés.
— A donner successivement à la terre des engrais *variés*, solides,
pailleux, terreux, en poudre , verts , liquides. — A se servir des
engrais liquides, donnant au moins *deux fois plus* de produits
que les solides.— A employer le fumier à demi-consommé et non

le trop consommé, qui peut avoir perdu la *moitié*, les *trois quarts* de sa force. — A labourer moins de terrain , pour pouvoir lui donner *double* , *triple* fumure, au lieu d'une *demi-fumure ; un* hectare bien fumé rapporte plus que *deux* hectares mal fumés et coûte *moins* de frais de culture. — A bien pulvériser , nettoyer, déchaumer les terres , pour que les récoltes reçoivent *beaucoup* d'engrais du ciel, qui *ne coûtent rien* , pas même de frais de transport, et pour qu'elles mettent *en entier* à profit cet engrais et les autres.

POUR LES CULTURES. — A ne pas entreprendre de cultiver une ferme au-dessus de ses forces ; qui trop embrasse mal étreint. — A employer les instruments perfectionnés, qui donnent un travail plus *rapide* et plus *économique*. — A se procurer économiquement par association ou par location, les machines agricoles d'un prix trop élevé. — A s'associer pour se procurer, produire, acheter, vendre divers objets ; détruire des obstacles, des choses nuisibles à l'agriculture ; diminuer les résultats des malheurs qui peuvent l'atteindre. — A économiser *soixante pour cent* sur les frais de transport par le bon entretien des chemins vicinaux et ruraux. — A donner aux terres très-humides la façon de l'égouttement ou du drainage profond, qui leur fait produire *deux à six fois* plus et des plantes qu'elles ne pouvaient produire. — A donner à toutes les terres la façon des labours profonds, qui font plus que *doubler* les effets du drainage. — A appliquer à la culture des terres les procédés perfectionnés du jardinage, pour récolter sur *trois ou quatre* hectares ce que l'on récolte sur *dix*. — A semer ou repiquer en ligne, en carré, en touffe, pour économiser la *moitié*, les *quatre cinquièmes* de la semence , la *moitié* des engrais et obtenir un *quart*, un *tiers*, le *double* de récoltes en plus ; plus de produit avec *moins* de travail sur le même espace.— A cultiver en fourrages, herbacés et racines, la *moitié* des terres labourables, les *quatre cinquièmes* dans les mauvais sols, pour avoir *plus* de grain en en cultivant *moins*, avec moins de travail et de dépense ; chaque 200 kilog. de fourrages de plus donne un hectolitre de blé de plus. — A ne pas cultiver, *en général*, deux années de suite , sur le même terrain, des plantes de la même nature, céréales sur céréales, racines profondes sur racines profondes , légumineuses sur légumineuses. — A cultiver des fourrages *précoces* dits *quarantains* , donnant *quatre* récoltes par an ; le ray-grass d'Italie donne jusqu'à *huit* coupes.— A *doubler, quadrupler* la récolte du trèfle en le fumant en couverture à la fin de l'hiver. — A récolter les fourrages herbacés de manière à ne perdre ni feuilles, ni fleurs, qui contiennent *une à deux fois plus* de nourriture que les tiges. — A cultiver diverses autres plantes *précoces* (céréales de printemps, sarrasin, trèfle incarnat, etc.), qui occupent la terre peu de temps, qui, bien soignées, bien fumées, rapportent autant que celles qui l'occupent longtemps et qui font courir moins de risques. — A recueillir les récoltes *un peu avant la maturité* et avec plus de soins, ce qui, pour les céréales, *améliore* la paille et le grain, *diminue* les risques, *augmente* le temps, dont on peut disposer pour labourer les terres.

Pour les Bestiaux. — A préférer pour la reproduction des bestiaux les mâles de *choix*, dont le prix d'appareillement est *le plus élevé* et non *le plus bas* ou *gratuit*.— Que les bestiaux, toujours nourris abondamment depuis le ventre de la mère jusqu'à l'abattage, rapportent *trois à quatre fois plus* que ceux mal nourris, et deviennent *précoces*. — A avoir des bestiaux *précoces* qui, croissant, se développant plus vite, mansion de la propriété ; d'autres, aux capitaux, qui manquent aux cultivateurs ; ou aux baux trop courts ; ou au mode de jouissance de la terre par métayage ; ou à la vaine pâture ; ou au défaut *d'instruction agricole* des propriétaires, et surtout des laboureurs, etc.

Nous ne nions pas l'influence de tous ces faits sur l'agriculture ; mais, si on examine ce que c'est que l'agriculture, ce qui lui manque pour prospérer, on reconnaîtra que, de tous les obstacles que nous venons d'énumérer, le *défaut d'instruction agricole* est celui qui domine tous les autres.

SECTION I.

Ce que devraient faire les Agriculteurs Français, et ce qu'ils font.

L'agriculture est l'art de fabriquer les matières premières de la nourriture et du vêtement de l'homme, ou de produire, avec la plus faible dépense, sur la moindre étendue de terre, la plus grande quantité de plantes, pour nourrir la plus grande quantité de bétail, nourrir et vêtir l'homme. La question des subsistances est une question d'instruction et de progrès agricoles, que ni la guerre, ni la paix, ni les congrès ne sauraient résoudre, dont la solution est tout simplement dans ces deux mots : INSTRUCTION et FUMAGE. *Fumage,* par *pâturage* et *labourage,* est le plus puissant moyen de fabrication de l'agriculture, le fumage donnant toutes les plantes propres à nourrir les animaux et l'homme. Pâturage, c'est *nourriture-fourrage* de toute espèce, ou matière première du fumier ; labourage, c'est *pulvérisation* (réduction en poussière) de la terre, *fumage par les engrais du ciel.* Toujours fumage, c'est tout, c'est l'instrument, que nos laboureurs manient mal et qu'il faut, *avant tout,* leur apprendre à bien manier par l'*instruction agricole.*

C'est, qu'en effet, plus on a de nourriture-fourrage, plus on a de bétail ; plus on a de bétail, plus on a de fumier ; plus on a de fumier, plus on a de nourriture-fourrage et de grain. Enseigner aux cultivateurs la manière : 1º de produire, au plus bas prix, la plus grande quantité de nourriture-fourrage et de grain ; 2º d'élever et de nourrir le plus de bestiaux, utilisant le mieux la nourriture, c'est-à-dire donnant la croissance la plus rapide, le plus de travail, viande, graisse, lait, fumier, avec le moins de nourriture et dans le moins de temps possible ; 3º de produire, au plus bas prix, la plus grande quantité d'engrais de toute nature, de leur conserver toute leur force, jusqu'au moment où on les emploie, de les préparer et de les employer pour utiliser toute cette force ; 4º de cultiver la terre pour lui faire produire, avec le moins de travail et de dépense, la plus grande quantité de nourriture-fourrage et de grain. Là est toute la question.

Pour cela, il faut dire aux cultivateurs : 1º de labourer profondément leurs terres ; de les pulvériser ; de les maintenir toujours en poudre, meubles, propres, par le drainage, le sarclage, le binage ; de les fumer abondamment ; de les ensemencer en ligne, en carré, en touffe ; d'avoir *au moins la moitié* de leurs terres labourables cultivées en nourriture-fourrage et l'autre moitié en nourriture-grain, en cultivant, une année des plantes fourragères (herbes ou racines), ou toutes autres améliorant et nettoyant le sol ; en cultivant, l'année suivante, des céréales d'automne ou de printemps, qui épuisent et salissent la terre, et recommençant toujours de même ; appliquant toujours les engrais-fumiers aux plantes fourragères, et jamais aux céréales ; variant le plus possible les engrais, mettant une année les engrais-fumiers, une autre les engrais liquides, une autre les engrais en poudre, une autre les engrais de plantes enfouies en vert. — 2º D'avoir dans les étables, pour que les animaux soient à sec, une litière abondante, la plus courte possible, en hachant la trop longue ; des étables creuses, qui ne laissent pas perdre les urines ; des fosses où l'on dépose les fumiers, où on les abrite contre le vent, le soleil, la pluie, les eaux pluviales courantes, où on creuse une fosse pour recueillir le jus de fumier, avec lequel on arrose le tas de fumier, quand il est trop sec, ou quand il fume ; de faire en sorte que le fumier soit toujours humide, ni trop ni trop peu, pour que la litière se ramollisse peu à peu, sans s'échauffer sensiblement, sans fumer ; d'employer le fumier aussitôt qu'il est à demi-consommé, par enfouissement, ou en couverture. — 3º De n'avoir que des bestiaux de choix et précoces ; de n'en élever, en espèce et en nombre, qu'autant qu'on en peut toujours nourrir très abondamment et avec de bons fourrages, depuis le ventre de la mère jusqu'à l'abattage. — 4º De ne demander à la terre, aux bestiaux, qu'autant qu'on leur donne et que ce qu'ils peuvent donner ; de ne labou-

rer, ensemencer de terre, qu'autant qu'on en peut bien pulvériser, fumer, soigner.

En un mot, il faut dire aux cultivateurs de faire tout le contraire de ce qu'ils font, puisque : 1° ils labourent superficiellement leurs terres ; ils les laissent en grosses mottes, dures,
malpropres ; ils les fument trop peu, les ensemencent à la volée ;
ils n'ont que le *quart* de leurs terres labourables en nourriture-
fourrage ; ils cultivent céréales sur céréales, ce qui épuise et
salit la terre ; ils leur appliquent toujours les fumiers, ce qui les
fait pousser à herbe et non à grain, et les salit ; ils ne varient
jamais leurs engrais ; ils labourent trop de terre pour ce qu'ils
ont de fumier à leur donner ; ils demandent les mêmes récoltes
à toutes les terres, quelle que soit leur fécondité ; ils dépensent
beaucoup et récoltent peu. — 2° Ils ne prennent aucun soin
pour avoir des bestiaux de choix ; ils ont beaucoup trop de bestiaux, pour ce qu'ils ont de nourriture à leur donner ; ils les nourrissent presque toujours mal et trop souvent hors l'étable, ils
ne les engraissent qu'à perte ; ils ont peu de fumier sec et
maigre. — 3° Ils ne recueillent que la moitié des matières qui
peuvent faire des engrais ; ils préparent leurs fumiers de manière à leur faire perdre le quart, le tiers, la moitié de leur
valeur ; ils emploient le peu qu'ils en font, sans utiliser toute
leur puissance.

Assurément, pour pratiquer ce que nous venons d'indiquer,
pour ne pas faire ce que nous venons de rapporter, que faut-
il ? De l'*instruction agricole*. Que vous soyez sur une grande
ou sur une petite propriété ; que vous ayez un grand ou un
petit capital d'exploitation ; que vous ayez un bail long ou court ;
que vous soyez propriétaire-cultivateur, fermier, ou métayer ;
que vous soyez dans un pays soumis ou non soumis à la vaine
pâture, cela ne saurait vous empêcher de bien recueillir, préparer, employer les engrais ; de bien dessécher, labourer, pulvériser, biner, sarcler, nettoyer la terre ; de suivre un bon cours
de récoltes de 2, 4, 6, 8, 10, 12 ans, qui met la *moitié* des terres
labourables en nourriture-fourrage, et entretient la terre propre et féconde ; de bien élever, nourrir, engraisser le bétail.
Or, toutes les améliorations agricoles sont là. Pour faire tout
cela, plus ou moins bien ; pour arriver à ces bons résultats,
plus ou moins vite ; pour bien faire toutes ces choses, que l'on
fait généralement mal, il faut savoir comment s'y prendre ; il

faut savoir : en quoi ce que l'on fait est mauvais, pourquoi ce que l'on ne fait pas, et ce qu'il faudrait faire, est meilleur ; il faut de l'*instruction agricole*. Et le moyen le plus puissant, le plus certain, le plus rapide, le moins coûteux de propager l'*instruction agricole*, il faut le répéter sans cesse, c'est de créer la publicité, l'enseignement, l'agitation agricoles, ruraux, sur place, généraux, répétés, permanents, par des journaux locaux d'agriculture, en pages et en affiche ; surtout par des livres d'agriculture courts, à très bas prix, mis entre les mains de tout individu sachant lire, homme, femme, enfant ; c'est d'organiser des comices agricoles communaux, des lectures à haute voix, des conférences agricoles communales du Dimanche, pour détruire l'isolement intellectuel des cultivateurs ; lectures et conférences, que nous avions établies dans l'arrondissement de Fougères, en 1841, et dont le ministre de l'Agriculture écrivait alors : « Il est a désirer de voir ce mode d'enseignement » se propager de plus en plus. » C'est le seul moyen de généraliser les progrès de l'agriculture, assez promptement pour que la production des subsistances croisse plus rapidement que la population. Avec nos écoles d'agriculture, qui donnent l'instruction à *un* habitant sur *cent mille* ; avec nos comices d'agriculture, qui se réunissent seulement *une fois par an*, pendant quelques heures, et qui, faute d'instruction, ou par faiblesse, ou indifférence, encouragent souvent la routine ; les progrès de l'agriculture seront longtemps plus lents, que l'accroissement de notre population et de ses besoins. Pour détruire, chez des hommes sans instruction, des habitudes mauvaises et séculaires, il faut les attaquer par des moyens plus répétés, plus puissants, plus généraux, plus locaux, plus variés, que ceux employés jusqu'ici.

Tant vaut l'homme (homme et femme), tant valent la terre et le bétail. Tant vaut la terre, tant valent les récoltes et les bestiaux. L'homme ne vaut que par l'instruction, qui lui apprend l'art de bien aménager les cultures, l'élevage du bétail et les fumiers : la terre ne vaut fourrage et blé que par un abondant fumage par les fumiers et la pulvérisation du sol ou les engrais du ciel ; les bestiaux ne valent fumier, viande, travail, que par une abondante nourriture. Le fourrage produit le bétail, comme le fumage produit le grain. A grand fourrage, grand bétail ; à grand bétail, grand fumier ; à grand fumier, grand

grenier ; qui a du foin, a du pain. INSTRUCTION *et* FUMAGE, la
question de la prospérité de l'agriculture, de l'abondance des
subsistances, est toute là.

En France, nos cultivateurs. nos comices, nos propriétaires
les plus éclairés *manquent d'instruction agricole* : les connaissances dans les sciences physiques, naturelles, chimiques
économiques, sont si peu répandues, même parmi les homme
les plus instruits. que personne ne croit à la valeur de l'instruction agricole, encore moins à celle de la science agricole. La
valeur de l'instruction et de la science agricoles ressort cependant, de la manière la plus évidente, de la comparaison de
l'agriculture dans les Flandres belges et françaises, en Angleterre et en France.

SECTION II.

Parallèle de l'agriculture en Flandre, en Angleterre, en France.

Dans les Flandres, on cultive très-bien *depuis des siècles,*
mais par suite d'une bonne tradition ; les Flamands font bien,
mais par habitude, par routine, sans savoir pourquoi ils font
bien ; ils n'ont pas plus d'instruction, de science agricoles, que
ceux qui ont une mauvaise routine. Ils ont une bonne routine,
les autres en ont une mauvaise, voilà tout. Les Flamands, étant
dans la bonne voie, y ont naturellement persisté, et, plus facilement que ceux qui sont dans la mauvaise voie, ils ont adopté
quelques améliorations ; mais si on les compare aux Anglais,
ils sont des routiniers.

Les Anglais sont devenus de très-bons cultivateurs depuis
un demi-siècle seulement ; ce n'est pas la tradition qui les a
guidés, c'est l'observation de la culture des Flamands, c'est l'instruction, la science agricoles, qu'ils ont *vulgarisées, sur
place,* par tous les moyens *de publicité rurale.* En peu d'années, l'agriculture anglaise est devenue égale et supérieure à
celle des Flamands, et elle s'améliore tous les jours, bien plus
rapidement que cette dernière ; elle fait cent pas contre un.
Depuis un siècle, le rendement moyen des terres cultivées a
triplé en Angleterre, les mauvaises années y ont diminué de
moitié.

Voilà la différence des résultats produits, d'un côté, par la bonne pratique agricole, éclairée seulement par une bonne tradition ; de l'autre, par la bonne pratique agricole, éclairée par l'instruction et la science agricoles. D'après cela, on peut juger quel doit être, en France, l'état d'infériorité de l'agriculture, combien ses progrès doivent être lents , puisque presque tous les cultivateurs français ont une pratique, qui n'est éclairée ni par de bonnes traditions, ni par l'instruction et la science agricoles ; que la publicité et l'enseignement agricoles, ruraux, sur place, leur sont pour ainsi dire inconnus, et qu'ils n'ont aucuns moyens d'acquérir l'instruction agricole. On trouve la preuve de cette infériorité en comparant l'agriculture française à l'agriculture anglaise, et en se rappelant le seul fait suivant: D'après Dombasle, quand un terrain rapporte moins de 10 hectolitres de blé à l'hectare, il n'y a pas profit à le cultiver en blé, et, en France, le rendement moyen de nos terres en blé est de 12 hectolitres, semence non déduite !

Le système de culture des Anglais est tout l'opposé du nôtre, comme le prouve le parallèle des effets produits, par les systèmes suivis en France et en Angleterre. Le sol et le climat de l'Angleterre sont inférieurs aux nôtres. Les Anglais consacrent *quinze* hectares aux animaux, *quatre* à l'homme ; nous, *neuf* aux animaux, *dix-huit* à l'homme ; ils ont la *moitié* du sol en prairies naturelles ; nous, le *huitième* ; en blé, le *seizième* ; nous, le *quart ;* leurs prairies leur rendent *deux à trois fois* plus que nos prés et nos terres à repos ; ils récoltent par hectare jusqu'à 100,000 k. de ray-grass vert, 120,000 k. de turneps ; en moyenne, semence non déduite, ils récoltent en blé 24 h^{tres}, nous 12 ; avoine 36, parfois 72, nous 18 ; orge 30, nous 15 ; ils ont des bestiaux d'un volume et d'un poids *doubles* des nôtres, en nombre *trois à quatre* fois plus considérable, croissant *une* fois plus-vite, donnant *une fois* plus de viande et de lait ; ils font *quatre* fois plus de viande que nous ; ils ne livrent à la reproduction que des femelles de *choix ;* ils paient, *les prix les plus élevés*, l'appareillement avec des mâles d'élite ; nous faisons reproduire les *mauvaises* femelles comme les bonnes ; nous recherchons les mâles dont l'appareillement est *gratuit* ou *au plus bas prix.* Produisant *six fois* plus de nourriture pour les animaux que nous, ils nourrissent toujours leurs bestiaux *bien* et *abondamment ;* les nôtres ont toujours, ou souvent, une nourriture mauvaise et insuffisante. Les Anglais

font beaucoup de fumiers, les préparent bien , en emploient
UTILEMENT TROIS A QUATRE FOIS PLUS QUE NOUS, et, en outre,
D'ÉNORMES quantités d'engrais artificiels. Avec ces masses d'engrais, le drainage, les labours profonds , ils ont mis en rapport
5 millions d'hectares improductifs. Le produit brut d'un hectare est en Angleterre de 245 fr. , en France de 146 fr. Chez
nous, on ne dispose que du *tiers* des engrais produits, on emploie peu d'engrais artificiels , on n'utilise que le *quart* de la
valeur des engrais employés ou de l'azote de ces engrais, azote
dont 1 k. donne 33 k. de blé ou 40 litres ; nos terres en rapport manquent toujours d'engrais, la mise en rapport de nouvelles terres est, parfois, plutôt un mal qu'un bien : les défrichements se faisant au détriment des bonnes terres et de leur
produit. Les instruments aratoires anglais labourent la terre
profondément et la *pulvérisent*, comme la terre des jardins ;
les nôtres la grattent *superficiellement* et la laissent en *grosses
mottes*. En Angleterre, on n'économise sur rien ; on ne regarde
pas ce qu'une chose coûte, on regarde ce qu'elle rapporte ; on
ne voit pas seulement le présent, on voit aussi l'avenir. Le sol,
les animaux, l'homme reçoivent une nourriture abondante et
substantielle, et produisent beaucoup. En France, on économise
sur tout ; on voit la dépense et non ce qu'elle rapportera ; on
voit le présent et jamais l'avenir ; on dit : le premier épargné
est le premier gagné ; on joue à qui gagne perd ; on gagne
1 fr. aujourd'hui, pour en perdre 100 dans quelques mois. Le
sol, les animaux, l'homme reçoivent une nourriture insuffisante,
peu substantielle et produisent *peu*. Les Anglais ne demandent
aux terres et aux bestiaux de produire que ce qu'ils sont aptes
à produire avec économie , et de rendre qu'autant qu'on leur
donne ; nous, nous demandons aux terres et aux bestiaux de
rendre plus qu'on ne leur donne ; aux terres médiocres et mal
fumées, nous demandons des récoltes et des bestiaux exigeant
un sol riche ; aux bestiaux faibles et mal nourris, nous demandons en même temps du travail, de la viande et du lait. Dans le
système anglais, l'amélioration du sol et des bestiaux va toujours croissant ; dans le nôtre, la terre s'épuise , les bestiaux
s'abâtardissent.

SECTION III.

La production des fourrages, de la viande, du fumier, est la base de l'agriculture.

La force d'une agriculture se mesure à sa force en fourrages ou en bestiaux : c'est tout un. Les bestiaux sont des machines à fumier, le fumier est la matière première de tous les produits agricoles, du fourrage et du grain ; *qui a du foin a du pain ;* et le fourrage est la matière première du fumier. Car ce ne sont pas les bestiaux qui font le fumier, c'est ce qu'ils mangent. *Après Dieu, le fumier c'est le petit bon Dieu, il donne tout,* disent les Flamands. Quand toutes les opérations de l'agriculture donnent un bénéfice d'1 fr., le fumier en donne un de 4.

Un des principes fondamentaux de toute mécanique est l'économie de ressorts, c'est d'obtenir les effets les plus puissants, les plus variés, les plus nombreux, en employant le plus petit nombre de rouages, la plus faible dépense de forces. D'après cela, l'agriculture est une mécanique, car elle a pour but de créer la plus grande quantité de productions végétales et animales, alimentaires et industrielles, les plus variées et les meilleures, en dépensant la plus petite quantité de forces, en travail et en argent.

Pour comprendre comment l'agriculture peut arriver à ce but, par la voie la plus sûre et la plus courte, il faut étudier les différentes forces qu'elle emploie, afin de pouvoir apprécier celles qui ont le plus de valeur ; examiner ensuite comment il faut se servir de ces forces, pour leur faire rendre tout ce qu'elles peuvent rendre, pour en tirer tout l'effet utile possible. En se livrant à cette étude, on arrive à trouver que le nombre des forces et des principes, sur lesquels l'attention doit s'arrêter, est bien moins nombreux qu'on ne le pense ; qu'une seule force, qu'un seul principe l'emportent, pour ainsi dire, sur tous les autres ; cette force, c'est le *fumage ;* ce principe, c'est l'amélioration des terres par *d'abondantes fumures,* par les *engrais de la terre et du ciel.* Plus on augmente la fertilité de la terre, par d'abondantes fumures, plus on produit à bon marché des récoltes et du bétail en grande quantité et de première qualité, plus la culture donne de bénéfices.

En effet, le but de tout agriculteur est d'améliorer toutes ses productions, en quantité, en qualité, en variété ; et, quel que soit l'état d'avancement de l'agriculture d'un pays, en analysant tous les faits de la pratique, de l'art, de la science agricoles, on arrive toujours à trouver que, pour réussir dans une entreprise agricole, il faut tout faire pour obtenir *au plus bas prix possible* le *fumage* des terres, qui procure des récoltes plus assurées de toute nature, très-bonnes, en grande quantité, avec lesquelles on nourrit abondamment un bétail de choix, d'un développement précoce, d'un engraissement rapide, donnant beaucoup de lait, de viande, de travail, de fumier, dût-on, pour cela, réduire l'étendue des terres que l'on cultive, le nombre de bestiaux que l'on élève.

Produire beaucoup de viande nécessite la production d'immensément de fourrage, améliorant le sol ; procurant les fumiers les plus abondants, source la plus certaine de l'augmentation de la fertilité du sol ; accroissant la production en blé : chaque 200 kilog. de fourrage, obtenus et convertis en engrais, augmentent d'un hectolitre le blé, qui succède à ce fourrage. Plus la production en bestiaux s'accroît, plus celle du blé augmente ; on cultive moins de terrain en blé, on en récolte cependant davantage. Les animaux *précoces* de boucherie donnent le plus de viande, paient la nourriture le plus haut prix, par leur accroissement et leur engraissement rapides, donnent le fumier au plus bas prix. La précocité est la qualité du bétail, qui donne le plus de bénéfices, et la fécondité du sol suit l'élevage des bestiaux précoces.

Les bestiaux ne sont pas seulement des machines à fumier, viande, travail ; ils sont aussi des machines à graisse, lait, beurre, fromage, laine, peau, corne, os, matières d'un grand commerce. Plus ces objets sont produits en grande quantité et ont de valeur, plus le prix de revient de la viande diminue ; plus la viande est à bas prix, plus on en consomme ; plus on en consomme, plus on en produit ; plus la richesse publique augmente.

Il faut donc encourager, par tous les moyens, la consommation de la viande, l'augmentation de la richesse publique. L'agriculture, ce plus grand producteur, consommateur et commerçant ; d'où tout sort, où tout rentre ; d'où dépend tout, l'existence, le bien-être, le repos de la société, l'abondance du travail, la richesse publique, la prospérité nationale, doit passer *avant tout*, être une industrie *privilégiée*, devenir lucrative pour ceux qui l'exercent, être forte, et cette force est dans les bestiaux. En France, on mange trop de pain, trop peu de viande de boucherie, ou autres matières animales, trop peu de farines de légumineuses. Nos habitudes alimentaires sont une des causes de l'infériorité de notre agriculture, de la lenteur, de l'indolence des ouvriers de la culture; elles peuvent influer sur la santé des laboureurs, le pain ne contenant pas assez de chaux pour la nourriture des os. La viande, objet de luxe pour nous, est objet de première nécessité pour les Anglais. En Angleterre, on mange beaucoup de viande; l'ouvrier anglais produit plus du double de travail que l'ouvrier français. Pour l'homme qui fatigue beaucoup, rien ne donne de l'activité, de l'énergie, comme une nourriture animale; elle procure une économie de 10 à 20 pour 100, par la plus-value du travail que rend l'ouvrier. 1 kilog. de viande vaut 3 kilog. de pain.

Ne craignons pas de produire trop de viande et de grain; aujourd'hui, on ne sera jamais embarrassé d'un excès de production alimentaire. N'avons-nous pas *toujours* 8 indigents sur 100 habitants, et au moins 48 pour 100 dans les années de cherté des subsistances; car ce n'est pas aux habitants toujours indigents qu'il faut seulement penser, comme le font les statisticiens et les moralistes; mais bien aussi à cette population si nombreuse de journaliers, de petits propriétaires-cultivateurs, dont nous avons parlé dans le tome premier et qui deviennent indigents dans ces années de cherté.

De plus, dans les années d'abondance, les bestiaux ne sont-ils pas toujours là pour consommer l'excès de production en grain, les grains de qualité inférieure; ils sont comme la vanne de décharge, qui débite l'excédant d'eau qu'une usine ne peut consommer. Ensuite, le véritable système de réserve en grains, les greniers d'abondance les meilleurs, les plus économiques, ne sont-ils pas dans cet excédant de grains, que l'on cesse de donner aux bestiaux dans les années de disette. Les bestiaux sont encore ici la vanne de décharge, agissant négativement, ou la vanne de retenue, produisant la réserve d'eau, qui fait marcher l'usine dans les temps de sécheresse.

Dans les années de disette de céréales, les bestiaux rendent aussi en viande, avec intérêt, ce qu'ils ont pris en grain dans les années d'abondance, puisque 1 k. de viande en vaut 3 de pain : ils contribuent par là à diminuer le prix des céréales, dont ils ont soutenu les prix dans les années d'abondance, en consommant des grains. Des bestiaux en grand nombre sont donc une ressource pour les années de disette comme pour les années d'abondance; ils contribuent à *régulariser* le prix des céréales. Cette régularisation du prix des denrées alimentaires a une grande importance. Si on doit chercher par tous les moyens à amener l'abondance alimentaire, on ne doit pas oublier que cette abondance peut, dans les années très-fertiles, amener la vileté du prix des denrées agricoles, par suite de très-grandes pertes pour l'agriculture, qui vend pour l'exportation ses grains 12 fr. l'hectolitre, et qui, si les années suivantes sont mauvaises, les rachète 24 fr.

Après les moyens agricoles pour remédier à ce mal et qui sont la généralisation des bons procédés de culture, amenant la production agricole à la *régularité* de celle des jardins ; une grande production de bétail; il y a les moyens financiers. Celui qui nous paraîtrait le meilleur serait : la création de banques de prêt sur consignation à domicile de denrées agricoles, surtout de grains, ce qui arrêterait en partie leur exportation à vil prix et ferait de chaque grenier de cultivateur un grenier de réserve. Ici encore on trouverait une utile application de la généralisation de l'instruction agricole, pour apprendre aux laboureurs les soins qu'il faut donner aux grains, pour les préserver des ravages des plantes parasites et des insectes. Ces ravages portent chaque année, rien que pour les insectes, sur 8 à 10 millions d'hectolitres de céréales, et on évalue à deux ou trois cent millions de francs, dont moitié pour les céréales, les pertes sur les récoltes occasionnées par les insectes.

Enfin, n'avons nous pas à notre porte le grand marché de l'Angleterre, qui manque toujours de viande et de grain ; n'avons-nous pas les progrès de l'industrie, qui, chaque jour, emploie à divers usages une plus grande quantité de grains.

D'ailleurs, il y a toujours plus de champs trop peu fumés, que de champs trop fumés; beaucoup plus d'habitants qui ne mangent pas trop, qui n'ont pas une nourriture assez substantielle, que d'habitants qui se nourrissent trop et trop bien ; et encore beaucoup plus de bestiaux qui ne mangent pas assez. Or, pour l'homme, comme pour les animaux et les plantes, la *précocité*, la rapidité de l'accroissement, l'énergie, la puissance de la constitution, sont dans une nourriture toujours abondante, toujours substantielle; et, pour l'homme, le bien-être matériel, non de superfluité, mais de première nécessité, est une garantie de moralité, d'ordre public. Si les peuples ne vivent pas seulement de la vie du corps, il n'en est pas moins certain que, pour assurer le développement des intérêts moraux et intellectuels des sociétés, il faut, avant tout, assurer celui des intérêts matériels de première nécessité : *Ventre affamé n'a ni cœur, ni oreilles; Misère engendre tricherie.* Si on veut que les semences religieuses, morales, intellectuelles, viennent bien, il faut les semer en sol riche et bien préparé. Il ne faut pas séparer ce que la Providence de Dieu a réuni ; l'homme ne vit pas seulement d'aspirations religieuses, de satisfactions morales et intellectuelles, il vit aussi, et avant tout, de pain et de viande.

D'après l'énumération sommaire, que nous avons faite à l'Avant-Propos, des choses que l'instruction agricole peut apprendre à nos laboureurs, pour produire beaucoup à bon marché, il est évident, comme nous allons le démontrer, qu'en généralisant cette instruction agricole, nous arriverions promptement *à la vie à bon marché.*

Nous trouverons certainement de quoi nourrir la population toujours croissante de la France, en généralisant les procédés de culture des meilleurs laboureurs Belges, Français, Anglais, qui sont ceux des jardiniers de tous les pays. En effet, ce que dans presque toute la France on récolte en céréales sur *dix* hectares, les très-bons cultivateurs de tous les pays le récoltent sur *trois* ou *quatre.* Le petit propriétaire obtient, de la culture de son enclos, des récoltes bien supérieures à celles du grand propriétaire, et cela sur des terrains qui se touchent. Les jardiniers font souvent produire cinq à six récoltes par an à quelques ares de terre, tout en les améliorant, et des cultivateurs, *leurs voisins*, obtiennent, sur un terrain de même nature, à peine une chétive récolte annuelle sur plusieurs hectares, qu'ils épuisent loin de les améliorer. C'est que les petits propriétaires, les jardiniers, comme les très-bons cultivateurs, travaillent mieux le sol, le pulvérisent bien et

sans cesse, le tiennent toujours propre , meuble, en état de
recévoir et d'utiliser, en abondance, les fumiers et les engrais
du ciel, qu'ils lui donnent en grande quantité.

SECTION IV.

De la production actuelle et possible de la France en grain, en viande.

On évalue la production de la France , en céréales et farineux, à 180 millions d'hectolitres. On y emploie chaque année,
pour les semailles , 24 à 28 millions d'hectolitres. On pourrait,
par la culture des céréales en ligne, en carré, en touffe, semées
ou repiquées , économiser, sur la semence, depuis la *moitié*
jusqu'aux *quatre cinquièmes*, 12 à 20 millions d'hectolitres,
et cependant voir leur production augmenter *d'un quart à un
tiers au moins*, de 45 à 60 millions d'hectolitres. Ce serait
donc 57 à 80 millions d'hectolitres de plus , dont on pourrait
disposer. Dans les années de cherté, le déficit de la France, en
céréales, est de *dix millions* d'hectolitres; dans les années
moyennes, non compris ces années de cherté, il est d'*un million* d'hectolitres, et l'accroissement annuel de la population
exige *cinq à six cent mille* hectolitres. Ainsi, le changement
de mode de culture des céréales, produisant ou rendant dis-
ponibles 57 à 80 millions d'hectolitres de céréales, suffirait
seul pour combler tous les déficits , et donnerait un excédant
pour l'exportation.

Ce n'est pas tout. *Un kilogramme d'azote donne 40 litres
ou 33 kilog. de blé.* Les fumiers et autres engrais contiennent,
en moyenne, *un demi-kilogramme* d'azote pour 100 kilog.
d'engrais. Les engrais du ciel peuvent donner, par an, à un hectare, 10 à 50 kilog. d'azote, 4 à 12 hectolitres de blé. Nous ne
disposons que du *tiers* des engrais de toute nature, nous n'utilisons que le *quart* de l'azote de ceux employés , et cependant
nous récoltons 180 millions d'hectolitres de céréales et farineux.
Si nous utilisions les *trois autres quarts* de l'azote perdu, nous
obtiendrions bien *500 millions* d'hectolitres en plus; si nous
emploierions, seulement comme on le fait aujourd'hui, les *deux
autres tiers* des engrais perdus, nous récolterions au moins
200 autres millions d'hectolitres, et, en utilisant tout l'azote

de ces *deux autres tiers,* nous aurions encore 600 *autres mil·lions* d'hectolitres.

C'est donc une augmentation de *onze cent millions* d'hecto-litres, *six fois* la production actuelle, que l'on pourrait obte-nir par la meilleure préparation des fumiers, le meilleur emploi des engrais. On voit par là de quelle importance est la question des fumiers. Ainsi, par les trois seuls faits d'un meilleur amé-nagement dans la culture des céréales, dans la préparation, dans l'emploi des engrais, la production céréale de la France pourrait être portée de 180 millions d'hectolitres à plus de 1,100 mil-lions, et l'accroissement annuel de sa population n'exige que 5 à 600 mille hectolitres. Il resterait donc, pendant longtemps, plusieurs centaines de millions d'hectolitres à exporter en Angle-terre, surtout, et ailleurs, ou une valeur de 20 milliards. Cela est si beau, que cela paraît impossible; cependant il est certain que des terrains, qui furent autrefois incultes, dont les semblables existent encore, rapportent maintenant 46, 48, 50 hectolitres de blé à l'hectare; que l'on économise *moitié, les quatre cin-quièmes* de la semence par la culture en ligne, en carré, en touffe; qu'un hectare de blé rend en moyenne, semence non dé-duite, 24 hectolitres en Angleterre, 12 en France. Calculez la pro-duction possible, seulement d'après celle actuelle, vous trouverez déjà une production trois fois plus considérable, qui, jointe aux économies sur la semence, donne 600 millions d'hectolitres de plus.

Nous produisons *un milliard* de kilogrammes de viande, nous pourrions, en augmentant le sol fourrager par les irriga-tions, par un meilleur assolement, produire *six fois* plus de fourrages, et par conséquent 4 *à* 6 *milliards* de kilogrammes de viande. Or, plus de fourrages donnent plus de fumier, et plus de fumier plus de grain. Si, en ne produisant qu'un milliard de kilogrammes de viande et utilisant tous les fumiers, nous pour-rions produire 1,100 millions d'hectolitres de grain; en pro-duisant 5 milliards de kilogrammes de viande et utilisant tous les fumiers, nous devrions arriver au chiffre fabuleux de 5 mil-liards 500 millions d'hectolitres de grain. Et nous ne parlons pas encore ici des améliorations venant de l'augmentation du sol labourable par les défrichements, les desséchements, le drai-nage et de beaucoup d'autres faits qui pourraient augmenter la production en viande et en pain, par exemple, de la destruction

de l'enchevêtrement des parcelles de terre, qui pourrait *doubler* l'étendue du sol labourable. En réduisant, tant que l'on voudra, les évaluations ci-dessus, on arrive toujours à des chiffres qui prouvent que, si nous savions le vouloir, il nous serait facile d'éviter les souffrances et les pertes, que les années de cherté occasionnent, en mettant l'agriculture dans la voie, aujourd'hui connue, certaine, d'un progrès incessant; en se rappelant, ce que l'on a trop oublié : 1° *le fumier donne tout;* 2° la culture la plus perfectionnée, et connue de tous, est celle des jardins; le labourage est du jardinage en grand; les champs ne sont que de grands jardins; il faut démontrer que le but auquel on doit tendre sans cesse, est celui que poursuivent les Anglais : « Cul-
» tiver les fermes, comme les jardins, en appliquant à cette
» culture les procédés perfectionnés du jardinage, en faisant de
» chaque pièce de terre une machine industrielle, fonctionnant
» régulièrement, malgré les variations du temps, et rendant d'au-
» tant plus qu'on lui donne. »

CHAPITRE II.

De l'instruction agricole, en général.

Section I.

Pourquoi l'instruction agricole manque aux cultivateurs.

Nous venons de résumer l'énoncé du problème d'économie sociale le plus important, celui qu'il est le plus urgent de résoudre, et nous pensons que les comices agricoles communaux sont un des instruments les plus propres à en amener la solution pratique, parce qu'ils sont le moyen le plus puissant, le plus certain, le moins coûteux, le plus rapide, le plus général, le plus local, le plus répété, le plus permanent; de porter à la connaissance de tous les laboureurs les deux ou trois principes qui sont les bases de la bonne culture : l'art de préparer et d'employer les engrais et amendements; celui d'aménager la culture des terres, et celui d'élever et d'engraisser le bétail, en un mot l'*instruction agricole*. Or, nous l'avons dit, de toutes les causes qui arrêtent le plus les progrès de l'agriculture en France, c'est, *avant tout*, le défaut d'instruction agricole des propriétaires et des cultivateurs. Tant vaut l'homme, tant valent la terre et le bétail. Tant vaut la terre, tant valent les récoltes et les bestiaux. L'homme ne vaut que par l'instruction, la terre que par le fumage, les bestiaux que par le fourrage. Instruction et fumage, tout est là. Pâturage et labourage, c'est fumage, et fumage, c'est tout. Travailler à améliorer, éclairer, instruire le cultivateur, le propriétaire, c'est améliorer le sol, y répandre la fécondité. Il faut donc, par tous les moyens, par la presse, la parole et l'exemple, chercher à développer, à répandre en France l'enseignement, l'instruction agricoles.

On accuse à tort le mauvais vouloir des laboureurs, leurs préjugés, leur indolence, du défaut de progrès de l'agriculture. Ils ne refusent jamais le travail, mais ils ne savent pas toujours bien travailler. Il n'en coûte souvent pas plus pour bien faire que pour mal faire, pour bien soigner les fumiers que pour les mal soigner; mais encore faut-il savoir comment s'y prendre pour bien faire; il faut apprendre, voir les choses que l'on ne connaît pas, en entendre parler, en voir faire la description. Qui voyage, qui sait lire, qui peut aller à l'école parmi la grande majorité des cultivateurs? Parmi les propriétaires et cultivateurs sachant lire, qui trouve le temps de lire de longs ouvrages d'agriculture? Parmi les hommes éclairés, qui s'occupe de vulgariser les connaissances agricoles? Le paysan ne peut pas innover, parce qu'il ne peut rien risquer pour une amélioration incertaine: il faut qu'il voie, qu'il touche, qu'il ait la conviction qu'une chose est bonne, qu'une avance faite lui rentrera avec intérêt. Quand les laboureurs ont pu juger, par eux-mêmes, de la supériorité d'un procédé agricole, ils l'adoptent, ils n'en refutent pas les profits. Mais pas plus que d'autres, ils ne peuvent deviner toutes les choses qui leur seraient utiles, et, moins facilement que d'autres, ils peuvent avoir occasion de les apprendre, puisque, plus que d'autres, ils sont *isolés*, sans instruction, n'agissant que par tradition, que cette tradition soit bonne ou mauvaise. Il faut donc leur enseigner toutes ces choses, par tous les moyens praticables : tous sont utiles, aucuns ne doivent être dédaignés; si l'un ne réussit pas, l'autre réussit; qu'on adopte un seul ou plusieurs moyens, il faut arriver au but principal,

qui est de *créer l'agitation agricole*, en *donnant la publicité
la plus grande et la plus fréquente, une publicité permanente à tous les faits agricoles.*

Car, comme l'a dit Dombasle, « l'un des moyens *les plus efficaces* d'amélioration agricole serait de donner *la plus grande
publicité* aux faits agricoles épars çà et là, qui montrent un
cultivateur, une commune, un canton ayant adopté, depuis fort
longtemps, d'excellents procédés agricoles qui s'écartent en
quelques points des pratiques ordinaires du pays, et trouvant
une source d'aisance et souvent de richesse dans des améliorations bien vieilles, mais ignorées par le *défaut de communication* entre les cultivateurs, et qui sont restées cantonnées dans
un petit nombre de communes, sans qu'il soit possible d'assi-
gner aucune cause spéciale à la lenteur, avec laquelle les habitants des cantons voisins adoptent des pratiques qu'ils approu-
vent eux-mêmes. »

SECTION II.

Parallèle de l'Angleterre et de la France, sous le rapport de l'instruction agricole.

La cause spéciale dont parle Dombasle, c'est le défaut d'agitation,
de publicité, d'instruction agricoles. En France, l'homme laboureur, propriétaire, publiciste, journaliste, homme d'Etat, est généralement sans connaissance en économie sociale rurale, en agriculture pratique rationnelle ; de plus, le laboureur est *sans moyens*
d'acquérir ces connaissances. Si l'agriculture anglaise est supérieure à la nôtre, c'est surtout parce que *l'agitation, l'instruction, la publicité* agricoles existent en Angleterre. Les propriétaires et les cultivateurs anglais ont plus de capital foncier et de production que les nôtres ; mais ils ont surtout le *capital intellectuel*, l'habileté, l'instruction, la science agricoles pratiques et
théoriques, qui nous manquent, à la valeur desquels nos laboureurs, même nos hommes instruits, ne croient pas. Les fermiers
anglais, même les plus petits, ont toutes sortes de moyens de se
tenir au courant des moindres progrès agricoles ; ils tiennent de
fréquentes réunions, où ils se communiquent leurs réflexions,
leurs expériences. Ils ont une foule de journaux spéciaux, de
revues ; *les grands journaux* eux-mêmes, auxquels ils sont
abonnés, et qui tous rendent comptent, avec soin, de toutes les

nouvelles qui peuvent intéresser la première des industries. Ils *paient* des pensions élevées, pour mettre leurs enfants chez les cultivateurs renommés par leur habileté. Comprenant très-bien la valeur que les applications de la chimie agricole et de toutes les sciences peuvent avoir pour l'agriculture, ils entretiennent des professeurs de chimie; ils ont des cabinets de chimie et de physique; les termes scientifiques leur sont familiers. De petits livres d'agriculture, de chimie agricole, etc., à très-bas prix, sont répandus jusque dans les *chaumières*; des professeurs *ambulants*, payés par souscription, portent la prédication agricole dans *les plus pauvres* villages. Rien n'est épargné pour faire connaître aux cultivateurs les principes, qui sont la base de la bonne culture.

En Angleterre, toutes ces améliorations viennent d'en haut, toute cette agitation agricole est l'œuvre de ceux qui possèdent l'instruction et les capitaux, des laboureurs comme des propriétaires, qui font tous les frais de leurs nombreux concours par des souscriptions. Le Gouvernement ne s'en occupe pas, il ne donne rien aux comices et aux sociétés d'agriculture, et cependant l'agriculture est, en Angleterre, une industrie privilégiée par lui. La société d'agriculture de Londres a 6,000 souscripteurs, 250,000 fr. de souscriptions : elle est une puissance. En Angleterre, l'initiative vient en entier des particuliers, et elle suffit à tous les besoins. Là, tous suivent avec intérêt les tentatives d'amélioration, en désirent vivement le succès pour les avantages qu'en retirera le pays; ceux-là même dont la renommée, les intérêts devront en souffrir sont les premiers à vanter leurs rivaux. Devant cette noble et généreuse pensée, *le bien de la patrie,* toute idée jalouse, égoïste, s'efface.

En France, en général, les laboureurs ne savent pas lire; les propriétaires, les laboureurs instruits, même les membres des comices, ne lisent ni ouvrages, ni journaux d'agriculture. Les membres des comices ont bien de la peine à se réunir *une fois par an*, pendant quelques heures seulement, pour distribuer, parfois fort mal à propos, des primes d'une valeur souvent insignifiante, dont l'Administration fait presque tous les frais. La société d'agriculture de Paris, avec les secours du Gouvernement, réunit 20,000 fr.; elle est sans influence et presqu'inconnue. Le petit nombre de journaux agricoles publiés à Paris et dans les départements ne parviennent pas aux laboureurs; ils

sont d'ailleurs peu à leur portée. Les grands et les petits journaux de Paris et des départements ne parlent présque jamais
d'agriculture, souvent même ils parlent à peine des opérations
des comices de la localité. La publicité agricole rurale n'existe
pas plus en France que l'instruction agricole. Les hommes
capables manquent pour diriger nos fermes-écoles, où l'on
est admis gratuitement, et qui, malgré cela, ont de la peine à
recruter de bons élèves. Quand on parle chimie, théories agricoles, lés laboureurs n'y comprennent rien ; les hommes du
monde, les plus éclairés mais d'une grande ignorance scientifique,
disent : Nous n'avons pas besoin de toute cette *verroterie* de
chimie, de ces théories ; ils applaudissent à la suppression de
l'Institut agronomique de Versailles, à l'augmentation des fonds
pour les courses de chevaux, au détriment des fonds d'encouragement pour l'agriculture. Nos livres d'agriculture, ou trop longs,
ou peu à la portée des laboureurs, ou d'un prix trop élevé, ne
se trouvent qu'à Paris, et ils y restent inconnus des laboureurs,
des propriétaires, même des membres des comices. On ne fait
rien de général pour détruire l'ignorance des cultivateurs et des
propriétaires, l'isolement intellectuel des laboureurs. L'industrie
manufacturière et le commerce, d'une hostilité permanente et
dominante contre l'agriculture, lui sont toujours préférés. En
France, nous attendons toujours l'initiative du Gouvernement ;
s'il ne fait rien, rien ne se fait ; l'initiative que prennent quelques
particuliers est tout-à-fait insuffisante. De plus, si nous sommes
susceptibles sur les questions d'honneur, chevaleresques, généreux
de caractère, prompts à prendre feu pour toute espèce de bille-
vesées ; par contre, nous sommes des routiniers par excellence,
jaloux, dénigreurs, hostiles à tous ceux qui prennent l'initiative
des améliorations agricoles et autres ; cherchant à étouffer leur
renommée, nous redoutons leurs succès, nous applaudissons à
leurs échecs ; nous sommes ignorants, nous voulons que tout le
monde reste dans l'ignorance. On ne saurait croire combien ce
vilain côté de notre caractère, ce mauvais esprit de jalousie, de
dénigrement, d'étouffement, nuit aux améliorations agricoles.

Devant tant d'obstacles, de si nombreux, de si puissants préjugés, qui entravent ou empêchent le succès des améliorations
agricoles, ceux qui croient à l'importance de ces améliorations
doivent redoubler de zèle pour multiplier, propager les moyens
propres à faire entrer notre agriculture dans une meilleure voie.

Sans aucun doute, l'agriculture française fait des progrès; il est même étonnant qu'elle en fasse autant, vu le défaut d'instruction de nos cultivateurs. Les sociétés, les comices agricoles, les journaux, ouvrages, écoles, cours d'agriculture contribuent à ces progrès; mais y contribuent-ils d'une manière assez générale, assez active, assez puissante, pour permettre d'affirmer que l'agriculture est dans une voie de progrès général tel, que les produits agricoles alimentaires croissent chaque année dans la même proportion que la population? Cela est peu probable.

CHAPITRE III.
Des comices d'agriculture.

—

Section I.

De l'insuffisance des comices d'Agriculture.

Une loi du 20 mars 1851 a institué, dans tous les arrondissements de France un ou plusieurs comices, et, à la grande satisfaction de beaucoup de personnes, le Ministre a déclaré qu'ils jouiraient de toute la liberté dont ils ont joui jusqu'à ce jour, et qui seule peut assurer non seulement leur influence et leur succès, mais encore leur existence. Ces comices sont chargés, d'après la loi, art. 5, particulièrement « des intérêts agricoles » pratiques, du jugement des concours, de la distribution des » primes et autres récompenses dans leur circonscription. Et cela sans contrôle, sans direction aucune. On appelle cela l'affranchissement, l'émancipation des comices. Cependant on convient que ces comices émancipés sont peu capables de jouir de leur liberté, que leurs programmes de concours sont souvent très-défectueux, qu'ils emploient mal leurs fonds, mais qu'ils doivent néanmoins faire les réglements de leurs concours, parce qu'ils sont les meilleurs juges de ce qui convient à chaque localité ! On ne veut pas que l'Administration intervienne dans la direction des comices : on lui reconnaît seulement le droit de refuser les allocations à ceux qui en feront un mauvais emploi.

Tout cela prouve qu'il y a, dans l'organisation des comices, une lacune , dont on commence à s'apercevoir. Cette lacune vient de ce que l'on ne veut pas voir qu'une loi administrative, pour être bonne , ne peut pas être basée sur l'égalité, l'uniformité, comme les lois civiles ; que la loi administrative, étant la règle d'êtres collectifs, très-différents les uns des autres, doit être variée , relative , non absolue. Cela vient de ce que l'on ne veut pas voir qu'il faut que l'Administration administre, et ne soit pas réduite au rôle d'une machine sans intelligence, qui applique une règle invariable à des choses qui ne se ressemblent pas.

Il est malheureusement démontré que beaucoup de comices ne sont pas en état d'être émancipés, de jouir de leur liberté, que beaucoup auraient besoin de rester longtemps en tutelle. Il n'est pas possible que, par amour de la liberté et de l'uniformité, on veuille que ces comices soient des enfants prodigues, qui, pendant longtemps encore, gaspilleront les fonds qu'ils ont à distribuer en primes, ou, ce qui est pis, en feront un mauvais emploi, qui encouragera la routine. Il faut donc absolument qu'une tutelle intelligente quelconque, administrative ou agricole, intervienne de quelque manière qué ce soit et sans faiblesse, pour diriger les comices, beaucoup plus nombreux qu'on ne le pense, qui ne sont guidés par aucun principe dans l'établissement du réglement des concours d'agriculture , dont ils sont juges ; qui ne savent pas le moins du monde ce qu'il convient le mieux de faire pour encourager l'agriculture de leur localité, ou qui, s'ils le savent, soit faiblesse, soit paresse, agissent comme s'ils ne le savaient pas.

Nous comprenons que, les Préfets et Sous-Préfets n'ayant généralement aucunes connaissances en agriculture, on ait peu de confiance en eux pour diriger les comices, et que l'on craigne, par cela même, leur intervention. A défaut de cette intervention d'une autorité capable , il est alors nécessaire de créer dans les chefs-lieux d'arrondissement une société d'agriculture, ayant la haute direction des comices cantonnaux et communaux (art. 7 des statuts de l'Association agricole de Fougères). ou un inspecteur d'agriculture, enfin un centre quelconque d'arrondissement ou de département, qui serve de lien à tous les comices, qui puisse mettre dans la bonne voie les comices qui n'y seraient pas, soit par la publicité donnée à leurs travaux dans les journaux de la localité, soit par des observations critiques bienveillantes sur leurs actes, soit en leur faisant connaître les travaux des autres comices, qui paraissent mieux comprendre leur mission et les besoins du pays.

En faisant cela, on n'aura pas encore toujours atteint le mieux possible, car, si plusieurs *sociétés d'agriculture* sont ce qu'elles doivent être, beaucoup sont comme les comices, elles auraient besoin d'être dirigées, tant, dans certaines localités, on trouve peu d'hommes doués d'un esprit sagement progressif, ayant assez de tact pour distinguer le vrai du faux, possédant en même temps des connaissances agricoles pratiques et théoriques, ou seulement des connaissances théoriques raisonnées, ou enfin assez fermes pour lutter contre la routine ou la paresse de leurs collègues et des laboureurs.

Une autre considération, qui doit faire désirer que les comices reçoivent une haute direction, c'est leur multiplicité. Dans beaucoup de départements, il y en aura un par canton. Or, il y a en France 1,500 cantons, sur 2,847, qui n'ont que 11,000 âmes de population. Comment veut-on, avec le peu d'instruction agricole qui existe malheureusement en France, trouver, dans la plupart de ces cantons, des hommes capables de donner une bonne direction à ces comices. De plus, beaucoup de comices auront bien de la peine à réunir une somme de 3 à 400 fr. pour distribuer en primes, somme assurément bien insuffisante pour donner des primes qui provoquent de rapides améliorations, mais qui néanmoins peut encore être utilement distribuée et qui, si on n'en surveille pas l'emploi, sera gaspillée, éparpillée en trente et quelques primes de 5 et 10 fr., qui n'amélioreront rien, dont on pourrait supprimer la distribution sans nuire au progrès agricole.

Beaucoup de personnes pensent que cette manière de faire des comices ne peut être empêchée, qu'elle est dans la nature des choses. Elles reconnaissent si bien que c'est un gaspillage de fonds, qu'elles demandent des concours départementaux pour encourager réellement les améliorations. On dit : Les comices agissent sous l'influence d'une émulation louable, mais restreinte, plutôt que sous celle d'un véritable encouragement ; ce sont les membres de ces sociétés qui se distribuent entr'eux les primes et les distinctions, dans une fête de famille ; chacun rend hommage à la supériorité de son voisin !!! Oui, en mauvaise tradition ; on ne saurait prouver plus naïvement que cet état de choses est déplorable.

SECTION II.

Des différentes manières d'organiser les comices.

Dans cette affaire, comme dans toute affaire d'administration bien entendue, on ne saurait avoir une *règle uniforme.* La règle à appliquer dépend de l'état d'avancement de l'esprit et de l'instruction des cultivateurs dans chaque canton. Lorsque, dans un comice cantonnal, se trouvent des agriculteurs éclairés, actifs, dévoués et surtout *fermes*, que l'esprit du pays est assez avancé, pour que les ressources dont le comice peut disposer soient un peu importantes, nul doute alors, le comice cantonnal est préférable à tout autre ; car plus les concours d'agriculture sont rapprochés de ceux qu'ils intéressent, plus ils ont de valeur.

Mais si ces circonstances ne se présentent pas, il vaut mieux, pendant quelque temps, réunir ensemble plusieurs comices, qui, mettant en commun leurs bourses et leurs hommes capables, peuvent, *par cette association*, obtenir beaucoup d'améliorations impossibles à réaliser, tant qu'ils resteront isolés et abandonnés à leurs propres forces. Nous avons pour nous l'expérience en faveur de ce système. Des comités cantonnaux d'agriculture avaient été établis dans le département d'Ille-et-Vilaine en 1833. Dans l'arrondissement de Fougères, les faibles sommes de 200 fr., puis 300 et 400 fr., qu'ils avaient eu successivement à distribuer, chaque année, en primes, étaient éparpillées en 30 à 40 primes, pour un grand nombre d'objets différents. Non seulement ces primes étaient accordées sans discernement, sans que les comités se proposassent aucun but à atteindre ; mais elles étaient distribuées de manière à encourager la routine. En 1841, en faisant adopter à tous les comités de l'arrondissement un programme uniforme et rationnel, nous parvînmes à paralyser les fâcheux effets de leur défaut de connaissance ; et, en 1844, en organisant *une association agricole* pour tout l'arrondissement, nous détruisîmes entièrement ces comités. Les fonds accordés à chaque canton par le département et l'Etat, ayant été concentrés, le fonds des primes augmenté par les cotisations des membres de l'association, par des secours divers de l'Etat, de la ville de Fougères, c'est alors que nous pûmes agir en toute liberté pour améliorer successivement les programmes de primes, les modifier chaque année, suivant les progrès et par des primes de 100, 150, 200, 400 et 600 fr., avec l'espérance de les voir s'élever jusqu'à 1000 fr.; nous pûmes propager dans l'arrondissement l'introduction de reproducteurs des races bovines et chevalines, capables d'améliorer l'espèce du pays et surtout propager la culture des plantes fourragères. Les concours cantonnaux furent remplacés par des concours d'arrondissement, et des améliorations nombreuses et rapides ont eu lieu, dans toutes les parties de l'agriculture, surtout dans les races de bestiaux; aussi le concours qui a eu lieu à Fougères en 1851 a été cité, comme un des plus remarquables de Bretagne.

Dans ces réunions des comices cantonnaux en un seul concours, il faut encore avoir égard à l'état d'avancement des diverses parties de l'agriculture dans chaque canton, et ne faire concourir ensemble que des cantons d'égale force. Ainsi, quand nous réunîmes en 1844 les comices de quatre cantons de l'arrondissement de Fougères, les premières années, les quatre concouraient ensemble pour la race chevaline et les améliorations de la culture ; et, pour la race bovine, ils concouraient deux par deux. Mais les deux cantons qui étaient inférieurs pour la race bovine n'ont pas tardé à être capables de concourir avec les deux autres.

Nouvelle preuve que l'uniformité ne saurait être la règle de toutes ces choses, sans être parfois très-injuste, et qu'elle empêche beaucoup d'améliorations.

Maintenant à Fougères, comme cela se pratique ailleurs, tout en maintenant le concours d'arrondissement, on a établi des concours cantonnaux, et le concours d'arrondissement a lieu successivement dans chaque canton. Ces combinaisons peuvent réussir dans quelques localités et dans certaines circonstances, mais elles ne sont pas toujours sans inconvénients. Elles ont d'abord celui que nous reprochons aux comices cantonnaux, celui d'éparpiller encore davantage les fonds d'encouragement, puisqu'il faut de plus prélever, sur ces fonds, les primes pour les concours d'arrondissement. Cette combinaison n'est donc admissible, que pour le cas où les fonds d'encouragement sont très-considérables. Mais elle est juste et indispensable pour quelques cantons seulement, qui, se trouvant très-éloignés du chef-lieu d'arrondissement, ne participent que très-peu aux concours d'arrondissement, surtout lorsque ces concours sont toujours au chef-lieu. Ce n'est pas que les comices cantonnaux soient une mauvaise chose, loin de là, car plus l'institution des comices est rapprochée des laboureurs plus elle produit d'effet : aussi voudrions-nous qu'il y eût un comice par commune. Mais rapprocher les comices des laboureurs n'est rien, si ces comices n'ont pas de moyens suffisants d'action ; mieux vaut alors un seul comice d'arrondissement puissant, que plusieurs comices cantonnaux impuissants.

Le transport des concours d'arrondissement, successivement dans chaque canton, ne réussit pas partout. Souvent les cultivateurs n'y conduisent pas volontiers leurs bestiaux, ils s'y rendent en bien moins grand nombre qu'au chef-lieu d'arrondissement, surtout quand ce chef-lieu a des foires et des marchés importants. En général, le concours d'arrondissement a bien plus de publicité, quand il est fixé au chef-lieu.

Que le concours d'arrondissement ait lieu avant ou après les concours cantonnaux, ces deux concours se nuisent. Si le concours d'arrondissement a lieu avant les concours cantonnaux, les animaux, primés à ce concours d'arrondissement, devront nécessairement l'emporter au concours cantonnal : les cultivateurs ne se donneront pas la peine d'y conduire leurs bestiaux pour rien. Il pourra n'y avoir pas de concours et même pas d'exposition. S'il n'y a pas eu de bestiaux du canton, primés au concours d'arrondissement, il arrivera qu'un animal du canton recevra une prime, tandis que de beaucoup plus beaux que lui n'auront rien eu au concours d'arrondissement. Quand le concours d'arrondissement a lieu après les concours cantonnaux, les cultivateurs sont nécessairement portés à conduire, au concours d'arrondissement, les seuls bestiaux, qui ont été primés dans les concours cantonnaux ; ce qui diminue le nombre des bestiaux exposés au concours.

Il nous paraît donc, que le mieux est de n'avoir que des concours d'arrondissement, ou que des concours cantonnaux, suivant l'état de l'agriculture, les dispositions des agriculteurs, les fonds dont on dispose : c'est aux sociétés d'agriculture de juger ce qui est le plus utile, sans faiblesse, sans esprit de parti. Mais nous croyons être dans le vrai en disant que, tant que l'on n'a pas de fonds suffisants, pour donner dans chaque canton des primes fortes, capables de provoquer les améliorations désirées et pour en donner de plus fortes encore dans un concours d'arrondissement, il vaut mieux n'avoir que des concours d'arrondissement, sauf les exceptions pour les cantons trop éloignés du chef-lieu d'arrondissement; sauf à répartir entre les cantons les reproducteurs d'élite, qui seraient achetés avec les fonds centralisés; sauf encore à aménager les concours cantonnaux, à établir chaque année le concours cantonnal dans un seul canton et à parcourir ainsi successivement tous les cantons. On pourrait par là augmenter l'importance de ces concours cantonnaux, dont le fonds des primes doublerait, triplerait, et en même temps le concours d'arrondissement verrait ses ressources s'accroître d'une somme importante. Tout le monde y gagnerait, et, à mesure que les fonds de l'association des comices cantonnaux augmenteraient, on augmenterait aussi le nombre annuel des concours cantonnaux.

Dans plusieurs départements, il y a des concours de département, qui ont lieu au chef-lieu ou successivement dans chaque arrondissement. Souvent ces concours ne remplissent nullement leur but, ils ne sont pour ainsi dire que des concours d'arrondissement. Et, vu la grande différence de culture et de valeur territoriale, qui existent entre les arrondissements d'un département, le concours est souvent presqu'impossible entre les arrondissements.

Il y a, comme on le voit, de grandes difficultés à vaincre, rien que pour monter et placer convenablement les institutions qui doivent distribuer les primes d'agriculture, pour qu'elles fonctionnent avec profit. Et ce n'est pas tout, des difficultés bien plus grandes vont se présenter, lorsqu'il faudra mettre ces institutions en action. C'est alors que l'on comprend mieux, combien les connaissances théoriques agricoles, la science de l'administration font défaut aux comices.

CHAPITRE IV.

Des comités d'agriculture et des programmes des primes.

—

SECTION I.

Du point de vue auquel les comités devraient se placer.

En France, les amis de l'agriculture se plaignent, avec raison, de l'indifférence des propriétaires, qui donnent facilement 50 fr. pour des courses, des cavalcades, et refusent 5 fr. pour encourager l'agriculture. Et les amis de l'agriculture eux-mêmes, les membres des comices et des sociétés d'agriculture ont bien de la peine à se réunir *une fois par an*, et croient avoir rempli leur mission, quand ils ont manifesté leur existence en assistant à la distribution de quelques faibles primes, dont l'Administration fait presque tous les frais.

Si nos propriétaires s'intéressent si peu aux améliorations agricoles, est-ce bien leur faute? n'est-ce pas plutôt celle de notre éducation, qui jusqu'ici, presque exclusivement littéraire, n'a été ni professionnelle, ni scientifique? Or l'agriculture est en même temps un métier, un art, une science; alors comment propriétaires et agriculteurs pourraient-ils avoir non des connaissances agricoles pratiques, rationnelles ou théoriques, mais au moins des connaissances générales ou spéciales, qui leur permettent de s'intéresser aux améliorations de l'agriculture au point de vue du métier, de l'art ou de la science. Le défaut d'instruction agricole se fait surtout sentir dans l'utile institution des comices et même dans plusieurs sociétés d'agriculture; car, comme l'a dit Jacques Bujault: « Sans les comices, pas d'amé-
» lioration en agriculture; mais s'ils n'ont ni règle, ni principes,
» ni système, ils peuvent toujours dépenser inutilement leur
» argent. Les éléments manquent dans beaucoup de localités ;
» n'ayant que de bonnes intentions, n'ayant ni plan, ni
» système, ni organisation, la plupart des comices ne donneront
» que des résultats éphémères. »

Ce fut en 1761 que, le contrôleur général des finances, Bertin, fit rendre à Louis XV les ordonnances mémorables, qui instituèrent des sociétés d'agriculture dans toutes les provinces de France. Sans doute, plusieurs sociétés et comices agricoles sont remplis d'activité, de zèle éclairé, d'intelligence, d'esprit pratique, et ont beaucoup contribué à opérer la révolution pacifique et progressive qui a lieu dans l'agriculture : mais jusqu'ici c'est encore le petit nombre. Aussi Dombasle disait-il : « Que les institutions agricoles, fermes-écoles, » comices, concours d'agriculture, dont il faut néanmoins » favoriser la multiplication, ont eu beaucoup moins d'in-» fluence qu'on ne le pense, sur les progrès de l'agriculture et » que diverses mesures législatives, telles que la loi qui a » donné une si grande impulsion aux chemins vicinaux, » agiront plus que ces institutions sur l'avenir de notre agri-» culture. » Dans l'état actuel des choses, il n'en saurait être autrement ; les réunions provoquées par ces institutions n'ont lieu *qu'une fois par an* ; eu égard à la population, bien peu de laboureurs assistent à ces réunions accompagnées de discours, qui n'apprennent rien aux paysans, et de banquets, qui n'augmentent pas le montant des primes. Ces réunions n'ont pour objet que des expositions de bestiaux, des concours de charrue, des distributions de primes, et c'est à peine si elles produisent de l'effet hors des communes où elles ont lieu, si les plus proches voisins du cultivateur primé ont connaissance de ses succès.

Quand il s'agit de détruire, chez des hommes, presque tous sans instruction, de mauvaises habitudes, invétérées, séculaires, il faut les attaquer plus souvent qu'une fois par an et par des moyens plus puissants, plus répétés, plus intelligents que ceux généralement employés. Si encore les moyens employés étaient appliqués de manière à remplir le but que devraient se proposer les comices, *l'enseignement* des cultivateurs ; mais le plus souvent il n'en est rien. Les cultivateurs ne devraient jamais sortir d'un concours sans y avoir appris quelque chose. Les comices devraient toujours, dans chaque concours, se proposer un but directement utile, appeler avec fruit l'attention des cultivateurs sur un fait nouveau pour eux, sur une question spéciale, qui pourrait être nettement résolue, cela vaudrait bien les discours et les banquets. C'est avec grand profit pour l'agriculture, que l'on doit chercher toutes les occasions qui se présentent, d'exciter l'attention des laboureurs, à mieux faire les travaux des champs, par des concours spéciaux; entre les faucheurs pour le fanage ordinaire, pour celui sur chevalets mobiles, comme en Allemagne, pour la récolte des foins par fermentation, comme en Angleterre; entre les cultivateurs pour la coupe des céréales à la faux, à la serpe, à la sape; pour la mise des blés en moyette de diverses formes; pour la manœuvre des semoirs, plantoirs, machines à battre, à moissonner, etc., pour la pratique du drainage par tuyaux horizontaux, par perforation; pour la pratique des labours superficiels, de déchaumage; celle des labours profonds, avec la charrue fouilleuse et autres instruments; pour la pulvérisation du sol avec divers instruments, etc.

On ne saurait trop varier, multiplier ces concours spéciaux, qui n'ont pas seulement pour résultat, d'améliorer la manière dont les travaux des champs peuvent s'exécuter; mais qui ont de plus l'avantage, non moins grand, d'éveiller l'attention de tous les laboureurs et propriétaires, de leur ouvrir l'intelligence, de leur apprendre à connaître, à comparer les méthodes, les usages pratiqués dans d'autres localités et dont l'adoption pourrait leur être très-profitable. Il faudrait en quelque sorte leur faire une histoire pratique de ce qui se fait ailleurs, sans nullement leur conseiller telle ou telle pratique d'une manière absolue. Tout est relatif en agriculture : ce qui est bon sur un champ, peut n'être pas bon sur le champ voisin, à plus forte raison de ferme à ferme, de pays à pays. C'est au praticien de juger si, vu les circonstances dans lesquelles il se trouve, il peut mettre en pratique avec avantage, non ce qu'on lui conseille, mais ce qu'on lui dit être pratiqué avec succès dans tel pays, dans telles circonstances. « C'est un fait que je rapporte, » dit le praticien Jacques Bujault, il est vrai sur mon sol; sur » un autre cela ne réussirait peut-être pas; c'est possible, » mais il n'en coûte rien d'essayer. » Il faut donc essayer, mais exactement, de la manière indiquée, non à moitié, à peu près, ou de travers, comme on le fait souvent, avant de dire les grands mots : *nous avons essayé, nous n'avons pas réussi, cela ne convient pas à notre pays,* que l'on dit même avant tout essai. Mais il faut essayer avec prudence et intelligence, souvent plusieurs années de suite, toujours en petit, même lorsque l'on pense avoir pour soi toutes les chances de succès. Car, dit aussi **J. Bujault** : « Il y a des habitudes que l'on croit » mauvaises et qui sont bonnes, tant le sol et le climat modi- » fient tout. » Et réciproquement.

Le beau idéal de l'agriculture serait, que dans chaque localité on se bornât à cultiver et élever les plantes et les animaux qui, y venant le mieux, donneraient leurs produits le plus économi- quement, sauf à échanger avec les autres localités les denrées, qu'elles aussi produiraient au meilleur marché. Quoique ce soit le beau idéal, on doit néanmoins y tendre sans cesse, et, pour cela, varier ses productions en végétaux et animaux, chercher pour chaque localité à *approprier*, à spécialiser les plantes, les animaux suivant la nature du sol, du climat, les aptitudes et besoins des plantes, des animaux, de l'homme.

Dans les pays où la culture est peu avancée, il n'y a pas d'autres fourrages que l'herbe ; on ne cultive que deux ou trois plantes (seigle, orge, sarrasin) ; si la récolte est mauvaise, elle l'est souvent pour tout : la souffrance est alors générale, extrême. Là où l'agriculture est prospère, la culture s'étend à un plus grand nombre de plantes ; il y en a toujours quelques-unes à réussir, même dans les plus mauvaises années. La vie de l'homme et des animaux est alors beaucoup plus assurée, que lorsqu'elle repose sur le succès de la récolte d'une ou deux cultures. De plus, les produits de toute espèce augmentent beaucoup, par l'appropriation des plantes et des animaux, suivant leurs aptitudes et celles de la terre ; et par cette divi- sion du travail portée dans la production agricole. Les chances défavorables du cultivateur sont diminuées par cette variété de la culture et de l'élevage. Tel sol, tel climat, tels engrais, tel mode de culture, de récolte, conviennent mieux à certaines espèces et variétés de plantes, influent beaucoup sur la quantité des produits, leur qualité, leur valeur nutritive. La variété dans la production convient à la terre, aux plantes, aux ani- maux, à l'homme. L'alternance est la loi de tous les êtres. La terre, en général, ou dans beaucoup de cas, s'épuise, devient stérile, en produisant toujours les mêmes plantes ; elle se repose, augmente sa fécondité, en portant des plantes différentes, en recevant des engrais variés. Les mêmes plantes, en revenant trop souvent sur le même sol, donnent des récoltes de moins en moins abondantes, quelquefois même elles dégénèrent, de-

viennent malades. Les animaux préfèrent une nourriture
variée ; suivant l'âge, le sexe, la santé, la race, l'espèce, les
aptitudes, ils tirent de tels ou tels aliments un parti plus ou
moins profitable, selon qu'on leur demande croissance, travail,
viande, lait, graisse. Les aliments variés conviennent aussi à
l'homme, et l'homme se délasse en changeant de travaux.

C'est à ce point de vue que les Anglais se sont placés pour
créer la *spécialisation* dans la production animale. Les animaux sont pour l'homme des machines à travail rapide ou lent,
cheval de course, cheval de trait ; à travail, viande, graisse et
lait, la race bovine ; à viande, graisse, laine, la race ovine ; à
viande et graisse, la race porcine. L'expérience, en industrie
manufacturière, ayant démontré que l'on produit meilleurs et
plus économiquement les objets manufacturés, composés de
plusieurs pièces, en faisant toujours faire par le même ouvrier
une seule des pièces qui entrent dans l'objet manufacturé ; les
Anglais ont pensé qu'il devait en être de même des animaux,
producteurs de divers objets, et qu'en les façonnant à ne produire qu'un seul objet, ils le produiraient plus économiquement,
en plus grande quantité et de meilleure qualité. C'est en mettant
en pratique cette vue théorique, qu'ils sont arrivés à créer
tous les animaux de la production agricole, on peut dire jusqu'à l'exagération, la difformité, la stérilité; absolument comme
il arrive à l'ouvrier dont le corps se déforme, dont l'intelligence
s'abâtardit, lorsqu'il ne fabrique toute sa vie qu'une seule et
même pièce d'une machine. Mais en ne donnant pas dans les
exagérations anglaises, on peut tirer un grand parti de cette
spécialisation, pour obtenir les divers produits des animaux,
travail rapide ou lent, viande, graisse, lait.

Tous les faits sont donc d'accord pour engager à varier,
spécialiser les cultures, les animaux, à les approprier, dans de
justes limites, au sol, au climat, aux besoins divers de l'homme.
Mais pour cela il faut connaître les variétés de plantes, d'animaux, de manières de pratiquer diverses opérations agricoles,
et c'est à l'*instruction agricole* qu'il faut recourir, c'est aux
comices de donner cet *enseignement* aux laboureurs, en
variant leurs programmes. Au lieu de cela, les comices ont
adopté l'uniformité pour devise. Donner des primes aux *plus
beaux* bestiaux, voilà en général toute leur science et tout ce
que contiennent leurs programmes. Mais avoir un beau cheval,

une belle vache, même une belle récolte, dans un seul champ, ne constitue pas réellement une véritable amélioration agricole. On peut avoir un bel animal, parce que l'on a fait un sacrifice d'argent pour l'avoir, pour gagner la prime, et ne pas être cultivateur, ou être le plus mauvais laboureur de la contrée, avoir le troupeau le plus vilain, le plus mal soigné du pays. On peut avoir une belle culture, avoir mis tous ses efforts pour l'obtenir, et avoir négligé tout le reste, suivre sur son exploitation le cours de récoltes le plus vicieux. Ensuite donner, comme le font beaucoup de comices, tous ou presque tous les fonds des primes, 70 pour 100, à l'amélioration *directe* des bestiaux et aux plus beaux, sans autre indication, est réellement l'enfance de l'art, et il serait temps de sortir de cette voie stérile. Les membres des comices et sociétés d'agriculture ont aujourd'hui assez de lumières, pour comprendre qu'il y a mieux à faire que cela, pour savoir ce que chaque pays est le plus apte à produire ; ce que l'on peut lui demander en production du sol et en animaux ; quelles sont les conditions qui lui manquent pour mieux faire qu'il ne fait ; quelles sont les parties de l'art agricole, dont il importe d'entreprendre et de poursuivre l'amélioration.

Il y a en agriculture de bonnes et de mauvaises routines. Quand il n'y a dans le pays que de bonnes routines, la tâche des comices est facile : ils n'ont qu'à engager les laboureurs à y persister, à y apporter seulement quelques légères modifications, que les progrès de la science agricole font connaître. En primant ce qui se fait de mieux dans le pays, ils sont sûrs de donner un bon enseignement au public.

S'il en est autrement ; s'il y a dans le pays beaucoup de mauvaises routines, et c'est le cas le plus général, les comices, en se bornant, comme ils le font souvent, à accorder des récompenses à ce qui se fait de mieux dans le pays, enseignent parfois l'erreur ; car ce mieux, qu'ils encouragent, peut être une très-mauvaise pratique, ou une amélioration incomplète, mal placée.

C'est donc aux comices à faire l'étude de l'agriculture de leur pays ; à voir quels sont les usages les plus mauvais, ceux dont la réforme serait la plus avantageuse, et cela dans toutes les parties de l'agriculture. C'est à eux, après cette étude, de faire connaître aux cultivateurs, par les programmes des primes, quelles sont les mauvaises pratiques, pourquoi elles sont mauvaises, pourquoi il faut les remplacer, et quelles primes seront accordées à ceux qui auront le mieux et le plus vite rempli les conditions du programme.

SECTION II.

Manière dont les comités rédigent et devraient rédiger les programmes de primes.

Si au moins les comices employaient leur unique séance annuelle, à établir les bases d'un bon programme de primes à distribuer ; mais ils n'en prennent pas le temps, et c'est dans cette question, que l'on voit combien les connaissances agricoles rationnelles manquent à la plupart des membres des comices et des sociétés d'agriculture ; combien peu connaissent leur mission et la valeur du premier acte dont ils ont à s'occuper. Ainsi, ils fixent toujours leurs concours d'agriculture aux mêmes époques, quand toutes les récoltes sont enlevées, ce qui empêche d'établir les concours spéciaux pour les différents modes de récoltes ; c'est un mal. Fixez la fête agriole, la distribution des primes au même jour, cela peut être utile, mais non tous les concours. Ils ne varient jamais leurs programmes : il y a tel comice, dont le programme est toujours le même depuis 20 ans ; ce qui est fâcheux ; car les programmes doivent changer, pour le temps et les objets primés, suivant les besoins de l'agriculture de chaque localité, besoins qui varient avec les progrès de l'agriculture dans le pays et les pays voisins ; avec les progrès de la science agricole, qui font voir, par exemple, que les fourrages et les fumiers ont plus d'importance que tout autre chose. Quand les besoins, les désirs primés sont réalisés, il faut encourager la réalisation d'autres besoins, d'autres désirs. Donner des primes à ce qui se fait de bien n'est pas tout, il faut surtout créer des primes pour ce qui n'existe pas et pour ce qui peut faire marcher l'agriculture du pays, dans la voie d'un nouveau progrès. Par des programmes bien faits et par la collection de ces programmes, on devrait pouvoir se faire une idée de l'agriculture d'un pays, apprécier la marche de ses progrès, et c'est ce qui a lieu pour quelques localités, malheureusemènt trop rares en France, qui ont des comices dirigés avec intelligence.

Si encore les programmes des primes étaient publiés un an d'avance, le jour même de la distribution des primes, pour pouvoir être expliqués aux cultivateurs par les membres des comices ; s'ils étaient établis rationnellement et de manière à être pour les cultivateurs un *enseignement* net, précis, indiquant avec détail un but parfaitement visible à atteindre, annonçant les améliorations dont on désire la réalisation successive, pour que l'agriculture marche dans une voie incessante de progrès. Si en exigeant des laboureurs, qui concourent pour les primes-, des déclarations précises et *circonstanciées*, on leur donnait un nouvel *enseignement;* si les programmes des primes distribuées étant détaillés, motivés, étaient aussi un *enseignement* pour les laboureurs et recevaient une grande publicité : alors déclarations, exhibitions, récompenses, programmes, tout serait un *enseignement*. On l'oublie trop, les concours d'agriculture ne sont pas établis pour distribuer à peu près mécaniquement des récompenses; ils doivent surtout être une occasion d'*enseignement* par l'exemple pour les cultivateurs, un moyen de leur faire connaître le langage des agronomes.

Mais il n'en est pas ainsi : un ou deux mois seulement avant l'époque du concours (1), on annonce que l'on donnera des primes, souvent insignifiantes par leur faiblesse, à un très-grand nombre d'objets, toujours les mêmes, que l'on désigne par deux ou trois mots vagues, qui ne sont un *enseignement* pour personne, tels que primes aux plus belles génisses, pouliches, etc., aux meilleures cultures, ou plus simplement encore à la race bovine, etc.! Ainsi on prime ce qui existe, et non, comme cela devrait être, ce que le programme a signalé à l'attention, à la pratique des cultivateurs. Alors les laboureurs ne sachant trop ce qu'on leur demande, et d'ailleurs prévenus trop tard pour se mettre en mesure de mériter les primes proposées, se présentent au concours au hasard, sans avoir travaillé en vue du concours. Les concours et les déclarations

---

(1) C'est seulement depuis 1855 que le Gouvernement lui-même a publié, un an d'avance, les programmes des concours pour l'agriculture.

vagues, non circonstanciées, ont lieu, quand la terre est dépouillée de toute récolte, lorsqu'il n'est plus possible de rien vérifier ; on prime des déclarations, des souvenirs. On distribue les primes à peu près au hasard, sans règle fixe, sans but déterminé, pour les cultures comme pour les bestiaux. Dans les programmes de distribution de primes, quand on en publie, on énonce par deux mots insignifiants les objets primés, sans indiquer le nombre des concurrents, l'âge, la taille, la race, les qualités des animaux primés ; on ne donne aucuns détails sur les améliorations, les cultures récompensées. De telle sorte que programmes, déclarations, exhibitions, ne sont *un enseignement* pour personne ; fort heureux encore quand les primes ne sont pas accordées de manière à encourager la routine, ou à donner aux cultivateurs, directement ou indirectement, un enseignement faux (1).

Section III.

Manière dont on devrait donner les primes aux bestiaux.

« Ainsi, dans certains concours, dit M. Villeroy, on ne veut » que des taureaux de deux ans, mesure absurde, dont je ne » peux pas comprendre les motifs. » (*Journal d'agriculture pratique* ; février 1849.)

Il y a longtemps que nous avons la même opinion, et, en parlant des concours de l'association agricole de Fougères (*Chronique de Fougères* des 4 novembre 1845 et 5 septembre 1846), nous en donnions les raisons, encore bonnes à rappeler aujourd'hui à beaucoup de comices.

Il est impossible, disions-nous, de régler mathématiquement les ordres de faits obéissant aux lois, qui président au développement des êtres organisés. C'est vouloir aller contre la nature des choses. Quand il s'agit de ces êtres, il faut tenir compte de l'état de leur développement et de leur conservation, bien plus que de leur âge. A notre sens, on ne doit faire intervenir l'âge des animaux, dans les conditions de concours de bestiaux reproducteurs, que comme une condition secondaire et tout-à-fait relative. On fait cependant ordinairement le

---

(1) Voir la note **A** à la fin du volume.

contraire : dans les concours d'agriculture, l'âge des animaux y est la règle presque unique, absolue, des catégories que l'on établit. Cette condition d'âge devrait toujours être combinée avec la taille qui, *dans chaque race*, peut être généralement considérée comme la mesure très-approchée du développement régulier des animaux, qui ont été bien nourris. Le développement le plus rapide (ou la précocité) des bestiaux, et surtout des animaux à viande est un des résultats les plus importants que l'agriculture doive chercher à atteindre. C'est celle qui donne le plus de bénéfices, puisque plus un animal croît vite, plus vite il arrive à l'âge où il est bon pour le travail ou la boucherie ; plus vite il rapporte et moins il a coûté. Dans les pays où la nourriture est abondante, il faut donc tout faire pour arriver à ce résultat, l'abondance de nourriture étant une condition indispensable de tout accroissement rapide et proportionnel des bestiaux.

Indiquer des limites restrictives d'âge pour la condition du concours de bestiaux, c'est tout simplement vouloir réformer les lois de Dieu, s'opposer au progrès, à l'amélioration des races. Tel animal à 15 mois sera plus développé que tel autre de la même race à deux ans ; la différence sera bien plus grande de race à race : la dentition de nos bœufs, qui se termine à 54 et 60 mois ou 5 ans, est souvent complète à 5 ans et demi et même à 57 mois chez les bœufs Durham, et la précocité est la même pour le croit, la chair, le tissu graisseux ; tout marche ensemble.

Nous avons eu la preuve de ce que nous avançons : étant président de l'association agricole de Fougères, nous avions fait indiquer, pour seule condition des concours de bestiaux, un minimum de taille, sans aucune désignation d'âge. En 1845, le concours de la société d'agriculture d'Ille-et-Vilaine avait lieu à Fougères ; son programme portait, et portait encore il y a peu de temps : *Primes aux taureaux de deux ans au moins.* Avec les taureaux de 15 et 18 mois présentés par l'arrondissement de Fougères, on fut forcé d'annuler le programme, qui empêcha plusieurs cultivateurs de présenter au concours leurs taureaux, dont un, entre autres, qui, âgé de 15 mois, avait déjà, un mois et demi avant le concours, la taille de 1 m. 57 centimètres, et qui avait été primé au concours de l'association de Fougères.

Ajoutons encore, contre cette limite d'âge, que les qualités économiques, qui doivent être encouragées, dans le département d'Ille-et-Vilaine et bien ailleurs, pour la race bovine, sont les qualités laitières et de boucherie ; que les taureaux les plus jeunes, bien développés, bien nourris, parce qu'ils sont les plus tendres, sont préférables pour donner à leurs produits des formes rondes, féminines, de petits os, un tempérament mou, propre à la graisse et au lait.

Il y a des agronomes qui disent que les animaux ne doivent pas être livrés à la reproduction avant d'être formés; cela peut être vrai pour certains cas, pour former une race ou des animaux de travail ; pour réformer la constitution d'animaux trop lymphatiques; pour les reproducteurs femelles.

Mais Dieu sait les choses aussi bien que les agronomes, et, s'il a donné au taureau d'un an, aux animaux non encore formés, la faculté de se reproduire, ce n'est pas sans une intention providentielle, qui trouve très-bien son application pour les bêtes à viande et à lait, qui doivent être plus tendres, plus lymphatiques et qui puisent mieux ces conditions dans les générateurs pris parmi les jeunes animaux.

Les femelles ayant à supporter les fatigues de l'allaitement, si elles portent trop jeunes, leur constitution peut en souffrir. Pour les mâles, c'est différent, ils peuvent lutter jeunes sans inconvénient, pourvu qu'ils soient bien nourris. Ils donnent, dit M. Malingié, en parlant des moutons de la Charmoise, à leurs enfants une rondeur de formes, une physionomie fine, bien plus délicate que les mâles adultes ; leur système osseux paraît moins développé, c'est un moyen de diminuer les os, le tempérament sanguin. Le général Higonnet ne conserve dans ses vacheries que des taureaux d'un an, les femelles sont fécondées plus facilement, la beauté de l'espèce ne s'en ressent nullement. Jonh Sinclair et tous les éleveurs anglais mentionnent, comme ayant une très-bonne influence, l'usage des jeunes taureaux. M. Cline, qui a le plus beau troupeau de vaches laitières de la Hollande, n'emploie que de jeunes taureaux réformés à trois ans. Dans la Bresse, on renouvelle les coqs tous les deux ans ; les poussins provenant des jeunes reproducteurs, ont plus de disposition à prendre la graisse, sont plus délicats.

Des comices donnent des primes aux génisses pleines ou non pleines, c'est s'exposer à primer des génisses qui seront peut-être stériles, petites et mauvaises laitières, ou grandes et mauvaises laitières. Il vaut beaucoup mieux, comme le font des comices, primer les vaches laitières : on est alors sûr de ne pas se tromper. Ou, quand on donne des primes aux génisses, il ne faut au moins les accorder, qu'à celles qui donnent des espérances, qui portent tous les signes laitiers des premiers ordres indiqués par les écussons Guenon et autres signes. C'est ce que l'on fait dans quelques comices de l'Ille-et-Vilaine pour les vaches et génisses.

On donne aussi des primes aux très-jeunes poulains, c'est encore une chose que l'on ne saurait justifier. On sait combien le cheval change en croissant : tel poulain fort beau à un an et plus sera très-mauvais et très-mal fait à 2 et 5 ans et même plus tard ; on prime des espérances qui ne se réaliseront pas. Il serait plus utile de primer les pères seuls; les mères *suivies de leur produit*, les animaux venus dont les qualités sont appréciables, connues, fixées ; dont les bons services qu'ils peuvent rendre sont assurés. Les primes données aux jeunes animaux ont pour but de les faire rester dans le pays : alors il faut imposer aux propriétaires la condition de les garder longtemps, ce que ne font même pas tous les comices; et le but est manqué. Ces animaux, parce qu'ils sont primés, sont parfois vendus plus vite. Il est donc beaucoup plus sûr de primer les reproducteurs mâles et femelles et surtout les mâles, à charge aux propriétaires de les conserver dans le pays. Nous disons surtout les mâles, car il y a des comices, qui vont jusqu'à donner des primes de préférence aux femelles, sans en accorder aux mâles. On ne comprend pas cette préférence, en présence du rôle important que joue le mâle dans l'acte de la reproduction et de la multiplicité des produits qu'il donne, lorsque la femelle n'en donne qu'un seul. Mais le mieux est de donner des primes aux mâles et aux femelles, l'amélioration du bétail ne pouvant avoir lieu par les mâles seulement, comme on l'a fait et reconnu au concours régional de 1854.

Tous ces faits, auxquels on pourrait sans doute encore ajouter, prouvent combien l'instruction agricole manque, même à ceux qui sont à la tête des comices, qui sont chargés de rédiger les programmes de primes d'agriculture, de diriger les cultivateurs dans l'amélioration des races de bestiaux. Et quand on entend les discussions, les opinions des amateurs d'agriculture, des membres des jurys des concours d'animaux et de culture, qui passent pour les plus éclairés; à leurs idées exclusives, qui ne sont appuyées d'aucune raison, et d'où il résulte, que ce qui est un défaut pour l'un, est une qualité pour l'autre; que le signe qui est tout pour l'un, n'est rien pour l'autre, on reste encore plus convaincu, que la plupart ont des connaissances physiologiques, physiques, chimiques, économiques et pratiques très-imparfaites; ou du moins qu'elles sont assez mal classées dans leur tête, qu'ils les appliquent sans ordre, sans discernement, plus ou moins sous l'influence d'un parti pris d'avance, et qu'il y a nécessité d'apporter de l'ordre dans ce désordre. Rien ne serait meilleur pour atteindre ce but, que d'adopter le système de la société d'agriculture de Jersey, exposé et modifié par M. Villeroy (*Journal d'Agriculture pratique*, février 1849), dont nous résumerons les idées et qui pourraient être appliquées, avec avantage, à tous les concours des espèces chevaline, ovine, porcine.

Section IV.

Système de la société d'agriculture de Jersey, pour la distribution des primes aux bestiaux.

Les distributions des primes aux *plus belles* bêtes de la race bovine ont des inconvénients, parce que les vrais principes d'après lesquels on doit juger de la beauté, du mérite réel de ces bêtes, sont encore si peu connus; les idées de beauté sont tellement vagues, qu'elles laissent une grande liberté à l'arbitraire; elles sont souvent tellement fausses, qu'il y a réellement des primes données à des défauts, ce qui a pour résultat de fausser le jugement des éleveurs, de retarder le progrès de la science et de la pratique, de donner souvent lieu d'accuser d'ignorance, de partialité, les juges les mieux intentionnés.

Quoique la boucherie soit la destination finale de toutes les bêtes bovines, on ne peut s'occuper d'encourager uniquement l'élève de ces bêtes, en vue de l'engraissement. La grande masse des petits cultivateurs et des fermiers ayant besoin d'élever des bêtes donnant du lait pour nourrir leur famille, de bons bœufs de travail et de bonnes bêtes à engraisser, on doit, *en général*, encourager l'élève des bêtes réunissant ces trois qualités, car ce n'est qu'*exceptionnellement*, que l'on peut s'attacher à encourager spécialement une seule de ces qualités. D'ailleurs les caractères , qui indiquent qu'une vache est bonne laitière , sont les mêmes que ceux qui annoncent la disposition à prendre la graisse.

Pour éviter les inconvénients signalés dans la distribution des primes; pour que ces primes soient réellement utiles , il faut donc établir les bases d'après lesquelles elles doivent être accordées ; adopter, pour les concours, des règles fixes, un règlement qui assigne un certain nombre de points, que devra avoir *au moins* un animal pour obtenir la prime. Ce règlement servira en outre à *instruire* les éleveurs , à donner un *enseignement précis* au public.

- On suppose un type idéal, possédant toutes les qualités, qui constitueraient un animal parfait : on applique à chacune de ces qualités, suivant son importance, un certain nombre de points. L'animal , qui approche le plus de la perfection , est celui qui réunit le plus de points. Selon les localités, selon la race de bétail qui existe et les qualités , auxquelles on attache le plus d'importance, on peut modifier les règles. Cette manière d'apprécier le mérite des bêtes offre des avantages tels , qu'on devrait l'adopter partout et pour toutes les espèces d'animaux. Elle donne aux éleveurs des idées exactes sur le mérite des bêtes ; elle force les juges à préciser les motifs de leur décision ; elle donne bien plus de valeur aux primes et plus d'intérêt aux distributions.

Le projet de règlement suivant pose des règles applicables partout, sauf de légères modifications , que pourraient déterminer les circonstances. Il est fait pour des animaux auxquels on demande la réunion des qualités pour les trois destinations lait, engraissement, travail.

Pour les Taureaux.	Nombre de points.	Pour les Vaches et Génisses.	Nombre de points.
1° Pureté de la race : provenance d'une souche connue pour les qualités auxquelles on attache le plus d'importance............	4	1° *id.*	4
2° Tête (*a*) légère ; naseaux bien ouverts, oreilles petites ; cornes polies, de substance fine, pas trop grosses, et pas dirigées en arrière à leur base (*b*)...............	4	2°Tête légère; œil doux et vif; mufle fin ; oreilles petites; cornes lisses, peu courbées, peu grosses...	4

3° Cou fin, se dégageant avec légèreté des épaules, peu de fanon sous la tête et au haut du cou.......... 2

4° Poitrine large, profonde, dont la circonférence est constatée par la mesure ; coffre se rapprochant le plus possible de la forme d'un tonneau..................... 6

5° Peau souple, bien détachée, moëlleuse, sans être lâche, peu épaisse, couverte d'un poil doux et fin, d'une bonne couleur...... 5

6° Dos droit du garrot à l'origine de la queue, plat, large, bien garni de chair derrière les épaules, à angle droit avec la queue; queue fine ; charpente osseuse légère ; corps long et cependant le creux du flanc petit................... 4

7° Epaule charnue; avant-bras long, musculeux ; jambe fine, courte au-dessous du genou ; jambes droites de manière que l'animal ne s'attrape pas en marchant ; sabots bien conformés, plutôt petits que grands............. 2

8° Quartiers de derrière bien garnis, ou bien *culottés;* jarrets suffisamment larges, pointes du jarret non rapprochées de manière à gêner la marche.............. 2

9° Taille en rapport avec l'âge..... 1

10° Apparence générale.......... 2
____
30

Pour être primé, un taureau doit réunir au moins 20 points.

3°
id.
.... 2

4°
id.
.... 6

5°
id.
.... 3

6° Dos droit, large d'une hanche à l'autre, le reste comme pour le taureau...
....
....
.... 4

7° Jambes droites, fines, courtes, cuisses pleines et longues ; jarrets suffisamment écartés pour que la marche soit facile, sabots petits...... 4

8° Pis carré, non charnu, couvert d'une peau fine, d'un poil fins'étendant sous le ventre et en arrière des cuisses, parfois jusqu'à l'anus (écusson Guenon) ; trayons de grosseur moyenne, espacés régulièrement ; veines laitières très-prononcées, ondulées.. 4

9°...... id........ 1

10°...... id........ 2
____
34

Pour être primée, une vache doit réunir au moins 24 points, une génisse 20.

OBSERVATIONS SUR LES ARTICLES DE CE TABLEAU.

Articles.

1° Ce premier article, trés-important chez les Anglais, doit être nécessairement supprimé, là où il n'existe pas de race dont la pureté soit certaine.

2° (*a*) La tête est importante, parce qu'en elle réside le type de la race. (*b*) Cette direction est défectueuse pour les bœufs destinés au joug.

3° Nos bêtes ont généralement l'avant-main trop lourde ; plus le fanon descend bas, plus la poitrine est profonde ; près de la tête il est un défaut. Le coffre de la poitrine doit descendre entre les jambes, plutôt que de s'élever sur le garrot.

4° La largeur de la poitrine est toujours une qualité importante ; sa circonférence se mesure, en tenant compte, pour la comparaison des bêtes entre elles, de l'état de graisse et de la taille de chacune.

5° Une peau tr op épaisse est un défaut ; trop mince, elle indique une constitution trop délicate ; sa couleur n'a de valeur que comme indice de la pureté de la race.

6° Le dos des vaches, qui ont fait plusieurs veaux, se creuse ; leur croupe s'élève à l'origine de la queue d'une manière disgracieuse.

7° Le bœuf bien conformé doit être long, bas sur jambes, sans être décousu ; présenter, quoique long, une masse compacte, indice d'une constitution robuste. Trop d'espace, entre la dernière côte et la hanche, rend le creux du flanc trop grand et indique une constitution peu vigoureuse.

9° Les bœufs doivent toujours avoir les genoux en dedans, mais pas au point de se couper. Des jarrets droits et étroits sont un grave défaut dans les bœufs de travail.

Les comices donnent aussi des primes pour les concours de labourage, mais le plus souvent il n'en sort aucun *enseignement* utile. Ne sachant pas bien quelle est la valeur du labourage, que labourage c'est fumage par la pulvérisation, l'aération du sol, ils donnent la prime, seulement à celui qui ouvre le *mieux* la terre, qui la tourne le plus également, qui trace les sillons les plus droits, les raies les plus nettes, les plus profondes, eu égard à sa force de tirage. Toutes ces choses ont de l'importance, mais ce n'est pas tout ; ainsi il n'est jamais question dans ces concours des labours d'approfondissement, de défoncement, ou de fertilité avec les charrues fouilleuses, défonceuses, et autres instruments ; ni des labours superficiels, de déchaumage, de nettoiement, ou de propreté, de fécondité ; ni des labours croisés, ni des façons diverses à donner à la terre pour l'aérer, amener sa pulvérisation, sa fécondité, son fumage par les engrais du ciel ; tels que roulage, hersage à la herse, à la houe à cheval, à l'extirpateur, au scarificateur, à la claie, etc. On peut être un très-bon retourneur de terre, et être un très-mauvais laboureur, pour toutes les autres opérations du labourage, qui ont autant, sinon plus d'importance que celle de retourner la terre.

Les comices donnent encore des primes aux domestiques de ferme les plus moraux, les plus honnêtes, les plus fidèles, les plus attachés à leurs maîtres : rien n'est plus digne d'encouragement. Mais ces primes sont presque toujours données aux domestiques les plus entêtés dans les mauvaises traditions de culture, d'élevage de bestiaux, et, par là, on encourage encore indirectement la routine. Rien de mieux de donner des encouragements aux bons serviteurs de l'agriculture, si on le fait avec discernement ; mais encore faut-il, *avant tout*, que les comices aient à leur disposition, plus d'argent qu'il ne leur en faut pour encourager les améliorations agricoles véritables, fondamentales.

SECTION V.

Préférence erronée des comités pour les primes aux bestiaux.

Ainsi les concours de bestiaux et de charrues sont les objets de prédilection des comices ; le plus souvent tous les autres objets qui rentrent dans la catégorie des améliorations du sol et de la culture n'obtiennent presque aucunes primes. Dans beaucoup de programmes des comices, le montant des primes se répartit comme il suit : Bestiaux, 70 pour 100 ; concours de charrues, 15 pour 100 ; améliorations du sol et de la culture, 15 pour 100.

Sans doute, il ne faut pas supprimer les primes accordées aux bestiaux, aux bons laboureurs, mais accorder 75 pour 100 à ces deux objets est trop. Des comités vont jusqu'à accorder la moitié de leurs ressources aux concours de charrues. La raison de cette prédilection des comices, pour ces deux objets de concours, vient de leur défaut d'instruction agricole, de l'habitude, un peu de leur apathie, de leur faiblesse. Avec les concours de bestiaux et de charrues, les membres des comices n'ont pas besoin de se déranger beaucoup, de faire des rapports ; les concurrents viennent les trouver, ils n'ont qu'à juger, en paroles. Il n'en est plus de même pour les améliorations du sol, de la culture, des fumiers, du troupeau ; il faut aller les constater et faire un rapport écrit sur ces améliorations. Mais beaucoup de comices agissent ainsi par *faiblesse*, oui, par faiblesse, parce qu'ils *n'osent* pas aller contre les mauvaises traditions du pays, où on est habitué à voir donner tous les encouragements aux bestiaux. « Que » voulez-vous, c'est l'habitude ; si on donnait les primes aux » cultures, à la bonne tenue du bétail, du fumier, les laboureurs, » ne voyant pas les objets primés, croiraient qu'on les trompe ; » tandis qu'ils voient les bestiaux, qui obtiennent les primes ! » Voilà ce que nous disait encore, il y a peu de temps, le directeur d'une ferme-école, un président de société d'agriculture, un des amis les plus zélés, les plus éclairés de l'agriculture, qui dirige depuis trente ans un des plus beaux établissements agricoles de France. D'après cet exemple, jugez du reste. Les comices sont-ils créés pour se traîner à la suite des agriculteurs et de leurs mauvaises traditions, qui rendent l'agriculture stationnaire, ou pour leur indiquer les voies nouvelles à suivre pour que l'agriculture s'améliore ? Poser la question, c'est la résoudre. Les comices doivent combattre, par tous les moyens, les mauvaises traditions des cultivateurs, sans s'inquiéter si cela les contrarie ou non. On criera d'abord : on crie toujours contre tout changement, même pour le bien ; mais, quand on est dans le vrai, on finit par avoir raison aux yeux de tous. Au contraire, si les comices ne conduisent pas la population agricole dans la bonne voie, tôt ou tard elle le reconnaîtra ; elle leur reprochera, avec raison, d'avoir possédé la lumière, de l'avoir mise sous le boisseau, de n'avoir pas eu le courage de faire le bien, quand ils en avaient le pouvoir, et comme c'était leur devoir.

Si nous sommes bien loin d'arriver à la production agricole des Anglais, nous sommes tout aussi loin d'arriver à généraliser, comme ils l'ont fait, les moyens de diriger les cultivateurs dans la voie, qui conduirait à égaler et même à dépasser cette production. C'est que presque tous nos comices, beaucoup de nos sociétés d'agriculture, par défaut d'instruction agricole, ou par faiblesse, ou par indifférence, sont au-dessous de leur mission. Par la manière dont ils distribuent les primes, ils enseignent l'erreur au moins indirectement. Il est facile de le prouver. *Pâturage et labourage, c'est fumage.* Pâturage, c'est fourrage; fourrage est la matière première du fumier : donc pâturage, c'est fumage. Labourage, c'est pulvérisation du sol, pour qu'il reçoive sans cesse les engrais du ciel : donc labourage, c'est encore fumage. Ainsi toujours fumage, fumage et encore fumage, c'est tout. Le pâturage produit le bétail, comme le fumage produit le grain. L'ordre logique, l'ordre de génération des faits est foin, viande, fient, grain. Le bon sens du peuple, qui est la voix de Dieu, répète depuis des siècles : QUI A DU FOIN A DU PAIN. Tous les maîtres de l'agriculture, tous les bons laboureurs enseignent et pratiquent la même chose, et l'immense majorité des cultivateurs français, des comices pratiquent et enseignent tout le contraire ; ils sont toujours à la recherche de l'impossible, à vouloir faire du vin sans raisin, du grain sans fumage, du fumage sans labourage et sans bétail, du bétail sans fourrage. Aussi, dit-on, les Français ne savent faire ni la viande ni le pain, parce que, ne récoltant pas assez de fourrages, ils n'ont pas assez de bétail, ils ne font pas assez de fumier; ne sachant ni préparer, ni employer leurs fumiers, les fumiers leur manquent en quantité, en qualité; ne sachant pas labourer, pulvériser, nettoyer leurs terres, ils ne profitent pas de la fumure des engrais du ciel; leurs terres manquant de fumage, la récolte de grain manque.

Les programmes des comices devraient être un enseignement pour les laboureurs, et leur enseigner l'ordre rationnel des améliorations agricoles, qui consiste à donner des primes à ceux qui pratiquent le mieux le FUMAGE de leurs terres :

1° En produisant la plus grande quantité de fumier, au plus bas prix ; le préparant, le conservant, l'employant le mieux possible, et surtout en abondance.

2° En améliorant, nettoyant le mieux le sol, par le drainage; par le défoncement ou les labours profonds ; par le déchaumage ou les labours superficiels ; par des labours ordinaires répétés, croisés, des roulages, des hersages à la herse, à la claie, des sarclages au sarcloir, des binages, et par toutes les façons diverses pulvérisant le sol pour le fumer avec les engrais du ciel, pour le tenir exempt de mauvaises herbes, et aussi par un bon cours de récoltes, qui produit les mêmes effets, qui de plus utilise le mieux le fumage et donne le plus de plantes fourragères, herbes et racines, qui occupent au moins la *moitié* des terres labourables.

5° Par l'entretien sur l'exploitation, eu égard à son étendue, du plus grand poids de bestiaux de choix, précoces, toujours en bon état, très-bien nourris, et des reproducteurs mâles et femelles les meilleurs, pour améliorer le bétail, suivant les aptitudes au travail de force ou de légèreté, à la production de la viande, de la graisse, du lait.

Au lieu de faire tout cela, les comices, comme nous l'avons dit, donnent 70 pour 100 de leurs fonds à l'amélioration directe des bestiaux, *aux plus beaux*, à ceux qui ont la beauté de convention, de tradition, sans se proposer aucun but en vue d'améliorer telles ou telles aptitudes, sans s'occuper si la culture du pays réalise la première condition de toute amélioration du bétail, des fourrages abondants pour toute l'année. Parce que, lors de la distribution des primes, on voit aux grands et aux petits concours de l'Etat, des départements, des comices, un nombre parfois assez considérable de beaux reproducteurs, le gouvernement, les comices, le public croient que tout le bétail du pays ressemble à ces reproducteurs ; que toute la culture est à l'avenant. Il faut d'abord remarquer, que ce sont presque toujours les mêmes possesseurs de beaux reproducteurs, qui se présentent chaque année au concours. Ensuite, que l'on visite les étables, les cours de ferme, au mois de mars ; les terres, au moment de la récolte ou après : on pourra juger alors, à la tenue du bétail et du fumier, à la malpropreté des terres, ce qu'est l'agriculture du pays. On y trouvera des bestiaux maigres, dans le plus triste état, qui, nourris presque entièrement à la paille, n'ont donné que peu d'engrais sec et n'ont produit ni viande, ni lait ; des fumiers lavés par les pluies, desséchés par les vents, où il ne reste plus que la paille ; des récoltes, si remplies de mauvaises herbes, qu'il faut regarder de très-près, pour savoir quelle plante on a voulu y cultiver ; des terres si sales, que les mauvaises herbes mangent tout le fumier.

En présence de ces faits, il ne vient pas à la pensée des comices, de dire et d'enseigner aux laboureurs par leurs programmes de primes : qu'ils ne font pas assez de fourrages pour ce qu'ils élèvent de bestiaux ; qu'ils n'ont pas assez de bestiaux pour ce qu'il leur faut de fumier ; qu'ils ne font pas assez de fumier, en quantité et en qualité, pour ce qu'ils ensemencent de terrain ; qu'ils labourent une trop grande étendue de terre pour la bien pulvériser, la bien fumer des engrais du ciel et de la terre, la bien nettoyer de mauvaises herbes ; qu'ils suivent un mauvais cours de récoltes pour entretenir la terre dans un bon état de fécondité, de propreté, de pulvérisation. Aussi c'est à peine si les comices accordent 15 pour 100 sur les fonds des primes, pour encourager la production des fourrages et des fumiers, la bonne tenue ou l'emploi des engrais, un bon cours de récoltes.

Section VI.

Opinions de Dombasle et Bujault sur la préférence des comités pour les primes aux bestiaux.

Ils ignorent sans doute que Dombasle a depuis bien longtemps dit : « Les sociétés savantes, au lieu de propager l'erreur en donnant des primes aux plus *beaux bestiaux*, devraient surtout faire bien comprendre aux cultivateurs, qu'on arrive, avec une merveilleuse facilité, à améliorer les races d'animaux par le simple effet de l'amélioration du système général de culture ; par l'abondante production de fourrages, qui en résulte et qui permet d'offrir aux animaux de tout âge, surtout aux jeunes, et dans toutes les saisons, une nourriture abondante, substantielle. »

Ils paraissent ignorer que J. Bujault, dans divers endroits de son *Guide des Comices et des Propriétaires*, a dit : « Le bétail est le nerf de la culture ; s'il est une machine à fumier, il est aussi une machine à argent ; mais le mauvais bétail donne un petit profit, et le mauvais est celui que le défaut de nourriture, la misère, ont abâtardi d'âge en âge. Pour améliorer les races et maintenir les races bonnes, il faut les bien nourrir. C'est bâtir sur le sable, c'est commencer la maison par la couverture, c'est gaspiller, dilapider les fonds des comices, de les employer à acheter des animaux étrangers ou du pays, propres à perfectionner les races, avant d'avoir amélioré le sol de manière à leur donner une nourriture abondante. »

— 49 —

« Tout se lient en agriculture : l'amélioration du sol amène celle des bestiaux, mais c'est par là qu'il faut commencer ; tout est là. Tout autre marche est un cercle vicieux. Si on ne commence pas par le commencement, dans cent ans on ne sera pas plus avancé, que si on n'avait rien fait. On sera même moins avancé, car une race améliorée étrangère exige plus de soins que la race du pays, habituée à la misère. Si elle est plus forte, plus grande, il lui faudra plus de nourriture : chaque animal consomme suivant son poids. Cette race dégénèrera d'autant plus vite, qu'elle manquera plus de soins, de nourriture ; non seulement elle s'abâtardira, mais elle fera dégénérer l'espèce du pays. »

« Ainsi, de tous les problèmes d'économie rurale, ce sera toujours celui de l'amélioration du sol par d'abondantes fumures (fumiers du ciel et de la terre) qu'il faudra résoudre le premier. Dites ce que vous voudrez, faites ce que vous pourrez, tout sera inutile et sans effet, dans un an comme dans mille, si vous ne commencez par là. Ce doit être la pensée dominante des comices, c'est là qu'ils doivent appliquer la plus grande partie de leurs fonds d'encouragement, et surtout leur volonté, leur énergie, leur persévérance. »

Mais nos comices oublient le dicton d'un fermier normand à une société d'agriculture, où on avait parlé de tout : « Vous » avez dit de très-bonnes choses, mais j'en sais une bien meil- » leure encore, dont vous n'avez pas parlé, *c'est du fient, du* » *fient et encore du fient.* » Et qu'il faudrait faire précéder et suivre de ces deux autres dictons : *du foin, du foin et encore du foin. Foin et viande, fient et pain ;* qui contiennent en entier la pratique, l'art et la science agricoles. Aussi avec la mauvaise direction que les comices donnent aux laboureurs, ceux-ci ne pensent nullement à améliorer ni leurs cultures, ni leurs bestiaux ; ils croient n'avoir rien à faire sous ce rapport, puisque les comices ne leur en disent rien.

L'amélioration des races de bestiaux étant une conséquence de l'amélioration de la culture, c'est donc la cause et non l'effet qu'il faut encourager, pour rester dans les limites du plus simple bon sens. D'ailleurs, suivant M. Dezeimeris, la substitution de la race de bestiaux la meilleure à la plus mauvaise, ne peut donner qu'une augmentation de produit de 20 à 25 pour 100, tandis que la substitution d'un bon système de culture,

au système dominant, peut donner une augmentation de production de 100 pour 100 et plus.

SECTION VII.

Manières diverses de distribuer les primes d'agriculture.

Dans l'établissement de leurs programmes de primes à distribuer, les comices devraient remarquer, que les concours
d'agriculture sont d'une nature toute spéciale ; qu'ils ne portent
pas en réalité sur un seul fait *unique, sur le plus bel animal.
sur la plus belle culture*, mais sur une suite de faits, formant
un ensemble de faits, exigeant plusieurs années pour s'accomplir. Il faudrait donc souvent accorder les primes conditionnel-
lement et en les répartissant sur plusieurs années. Ainsi, pour
un assolement, il faut avoir la certitude, que l'assolement déclaré a été exactement suivi, connaître ses résultats, ce qui ne
peut se faire qu'à la fin du cours de récoltes. D'où la nécessité
pour les concurrents, de déclarer leurs intentions dès le commencement du cours de récoltes, et la nécessité, pour ces concours, de diviser la prime en plusieurs annuités, ou de la
réserver pour n'être donnée, qu'à la fin du cours de récoltes.
Ce mode de division des primes est encore plus applicable au
concours pour les bestiaux ; ce n'est pas tout de présenter au
concours des producteurs accompagnés de leurs produits,
réunissant les conditions voulues pour améliorer les races du
pays, il faut garantir au pays la conservation de ces produits et
de ces producteurs, ou bien l'amélioration ne serait pas réelle.
Dans la distribution des primes, les comices devraient agir,
ce qu'ils ne font pas généralement, comme toutes les sociétés
d'encouragement. Lorsque ces sociétés mettent une question
au concours, elles donnent un délai pour la résoudre. Si la
question n'est pas résolue, elles ne donnent pas le prix ; si
quelques concurrents ont approché du prix, elles donnent une
partie de la prime, à titre d'encouragement ; elles remettent la
question au concours, en fondant le même prix, ou l'augmentant, de celui qui n'a pu être décerné. Si personne ne peut
résoudre la question, elles la retirent, elles emploient les fonds
à un autre usage, ayant pour but d'activer, de préparer la solution des questions proposées et non résolues. Par exemple, ici

— 51 —

à donner des ouvrages, des instructions sur l'agriculture, si c'est faute d'instruction que la question n'a pas été résolue. Ou bien encore, celui qui a obtenu le prix en jouit, jusqu'à ce qu'un autre vienne le lui enlever, en faisant mieux.

Les comités croient généralement que les primes proposées doivent nécessairement être distribuées, par cela seul qu'il se présente des concurrents ; que ce serait les décourager, si on ne leur donnait pas les primes. Ce sont des erreurs fâcheuses ; le proverbe, *dans le royaume des aveugles les borgnes sont rois*, ne doit pas être appliqué ici. Il ne suffit pas de se présenter pour obtenir les primes proposées, il faut les mériter ; la prime ne doit pas être accordée uniquement parce qu'il y a un concurrent, qui paraît être *moins éloigné* du but que les autres, et qui quelquefois mériterait plutôt un blâme qu'un prix. Donner ainsi les primes, c'est encourager à rester dans la routine ; au contraire ne pas les accorder, quand elles ne sont pas méritées, et le dire, c'est donner au public un *enseignement*, dont il profite.

Tant que les primes pour amélioration de la culture et des bestiaux sont fixées à 5, 10, 15, 20 fr., on comprend le laisser-aller des comices ; mais si on les élève à 100, 150, 300 fr., comme cela doit être pour avoir des améliorations réelles, alors on se montre nécessairement plus rigoureux, on veut que ceux auxquels on les décerne les aient réellement méritées. Les comices font ordinairement tout le contraire ; ils donnent dans le travers des maisons d'éducation et des parents, à l'égard des enfants, auxquels on donne à tous des prix, parce que telle est la volonté des parents. Sous prétexte de contenter tout le monde, d'encourager beaucoup d'améliorations, ils ne contentent personne, ils n'encouragent rien, ils gaspillent l'argent des primes en petites sommes de 5, 10, 20 fr., pour des améliorations vagues, mal déterminées. Pour de pareilles primes, les bons laboureurs ne se dérangent pas, n'importent pas de reproducteurs capables d'améliorer les races du pays. L'importance d'une amélioration se mesure nécessairement à la valeur de la prime, que l'on attache à la réalisation de cette amélioration. Le taux plus ou moins élevé des primes, pour un objet bien spécialisé, est un *enseignement* pour le public ; l'annonce d'une prime élevée dit, mieux que tous les raisonnements, que l'amélioration que l'on demande est importante, puisqu'on la paie cher. L'attention des cultivateurs est forcément éveillée par cette annonce, ils cherchent à en comprendre la raison ; s'ils y arrivent, ils se mettent en devoir de remplir les conditions du concours ; le but est atteint, *l'enseignement donné a été compris.*

Avec le système contraire des petites primes, rien ne marche, ou, s'il y a progrès, les primes n'y sont pour rien ; on n'en eût pas donné, que le progrès se fût fait sentir également. Tout cela est vrai en héorie comme en pratique ; toutes les observations, que nous venons de faire sur les programmes des primes, nous les avons puisées dans notre expérience, dans ce que nous voyons encore tous les jours. Nous avons trouvé, dans l'arrondissement de Fougères, les choses comme elles sont encore dans bien des localités (1) : nous les avons modifiées dans le sens que nous indiquons ; sous l'influence de ces modifications, nous avons vu tout se transformer et les faits venir confirmer la théorie.

La plupart des comices n'emploient aucunes des combinaisons, des pratiques que nous venons d'indiquer : c'est faute de les connaître ; car il ont tous de très-bonnes intentions de bien faire. D'un autre côté, ils ne le pourraient peut-être pas toujours, faute de ressources, ou à cause des règles, quelquefois beaucoup trop étroites, de notre comptabilité financière, que les bureaucrates croient parfaites et qui souvent sont très-peu intelligentes des besoins de l'administration , empêchent de faire le bien, sous prétexte de régularité, d'uniformité, de contrôle. Mais on peut paralyser la mauvaise influence de ces règles étroites, en créant *des associations agricoles*, dont les membres se cotisent pour augmenter les fonds des primes, fonds qui ne sont pas soumis aux règles entravantes de la comptabilité financière.

---

(1) Ainsi , la Société d'Agriculture d'Ille-et-Vilaine , dans un concours départemental, distribue 2,124 fr. en 77 primes, dont 67 de 40 fr. et au-dessous, et 34 de 15 fr. et au-dessous.

CHAPITRE V.

Des écoles d'agriculture.

Les agriculteurs forment presque toute la nation : ils sont 25 millions sur 36 millions ; l'agriculture est la source de toutes richesses ; quand l'agriculture prospère, tout prospère, et l'agriculture, « l'art le plus nécessaire à la vie, celui qui tient » le plus près à la sagesse, » a dit Columelle, est abandonnée à une classe sans instruction, presque sans fortune. La classe agricole est la plus nombreuse, elle est celle qu'il y a le moins de danger et le plus de profit à instruire, elle est la moins instruite et celle qui a le moins de moyens d'instruction à sa disposition.

Aussi il faut, dit-on, compter par siècles pour voir une amélioration agricole se répandre. Comment en serait il autrement. A Paris, on trouve chez quelques libraires des ouvrages d'agriculture ; en province, on n'en trouve nulle part. Ces ouvrages sont d'ailleurs presque tous trop longs pour les laboureurs, qui n'ont pas le temps de lire, et d'un prix trop élevé pour des cultivateurs, qui n'en connaissent pas la valeur. Quelles sont les écoles secondaires et primaires, de filles et de garçons, où l'on fait lire un livre d'agriculture ? Quels sont les comices, les fonctionnaires qui prescrivent, ou seulement recommandent la lecture d'un livre d'agriculture dans les écoles ? Il y en a bien peu, tant nous sommes ignorants des besoins de l'agriculture. Aussi les ouvrages d'agriculture restent éternellement chez les libraires, et cependant les ouvrages élémentaires d'agriculture ne manquent pas aujourd'hui, comme il y a 20 ans, en 1834, où le gouvernement fondait des prix pour ces ouvrages. On trouve encore de bons ouvrages élémentaires d'agriculture, mais on ne trouve pas de journaux élémentaires d'agriculture, appropriés à chaque localité, donnant les nouvelles agricoles du pays. On fait des journaux pour tout le monde, on en fait fort peu qui s'occupent d'agriculture pratique. Dans les journaux quotidiens et hebdomadaires de Paris et des départements, bien qu'ils portent dans leur titre agriculture, on y parle de tout, excepté d'agriculture. A qui vont le petit nombre de journaux d'agriculture de Paris ? A bien peu de véritables cultivateurs; ils sont d'ailleurs souvent au-dessus de la portée des simples laboureurs.

Où sont les quelques cours publics d'enseignement agricole? Dans les chefs-lieux de département, où les laboureurs ne peuvent les suivre. Depuis quelques années, dans cinq à six départements seulement, des professeurs ambulants d'agriculture vont, pendant plusieurs mois, dans les chefs-lieux de canton, donner des instructions pratiques sur l'agriculture. Nous avons aussi une quarantaine de fermes-écoles; 15 à 20 jeunes gens, un sur 100 mille habitants, sont admis chaque année dans chacune de ces fermes; qu'est-ce que cela sur 25 millions de cultivateurs; d'autant mieux que, parmi ces jeunes gens, il en est assez peu qui fassent profiter le pays de l'instruction, qu'ils reçoivent dans ces écoles.

Depuis 1832, il existe dans l'Ille-et-Vilaine une ferme-école, dirigée, avec beaucoup de succès, par M. Bodin; elle a eu pendant bien longtemps de la peine à trouver son contingent d'élèves; même en 1844, l'arrondissement de Fougères, qui n'avait droit qu'à deux bourses, en occupait quatre. Par suite, un plus grand nombre de jeunes gens de l'arrondissement ont reçu l'instruction agricole; on y a donc été, plus qu'ailleurs, à même de juger l'effet produit par leur retour dans le pays. Jusqu'ici, ils nous paraissent avoir assez peu contribué aux progrès de l'agriculture de l'arrondissement, qui a cependant beaucoup marché, mais sans leur secours; cela tient à ce que ces élèves sortent trop jeunes de ces fermes-écoles. Les habitants de la campagne, à 17 et 20 ans, n'ont pas en général l'intelligence aussi développée que ceux des villes; de plus, ils n'ont pas le jugement, l'aplomb, la fermeté de caractère si nécessaires pour diriger une exploitation, surtout quand il s'agit d'apporter des modifications aux usages culturaux du pays. Les écoles donnent bien la science, mais elles ne sauraient donner le discernement, cet esprit de suite, de conduite, de prudence, de fermeté, qui ne viennent souvent qu'avec l'âge et l'expérience, et qui sont plus indispensables qu'à tout autre au cultivateur, qui veut innover. Aussi beaucoup de ces jeunes gens reviennent, par timidité, à peu près aux habitudes du pays; ou bien ils font des applications inopportunes, suivies d'insuccès, des théories qu'on leur a apprises, des pratiques qu'ils ont vues; ce qui n'engage pas les propriétaires à confier leurs domaines à ces jeunes gens, et ce qui nuit à la propagation de l'instruction agricole. Cela est si vrai que, jusqu'en 1848, nous n'avons jamais vu, même parmi les concurrents pour les primes d'agriculture de Fougères, aucun élève sorti de la ferme-école de Rennes; nous n'avons jamais entendu parler d'eux ni en bien, ni en mal, et un seul de ces élèves faisait partie des membres souscripteurs du comice d'arrondissement. En Angleterre, il n'y a pas de fermes-écoles; comme nous l'avons dit, les fermiers envoient leurs fils, à leurs frais, chez les cultivateurs les plus renommés. On aurait pu, en France, faire quelque chose d'analogue, en envoyant, aux frais des départements et de l'Etat, les fils de nos fermiers chez des cultivateurs des Flandres françaises et belges. Ils y auraient appris les bonnes pratiques agricoles de ces pays, pratiquées par des cultivateurs comme eux; nous ne savons si ce mode d'enseignement n'eût pas été plus profitable que celui de nos fermes-écoles.

L'habile directeur de la ferme-école de Martinvast (Manche), notre excellent ami le général Du Moncel, pense, comme nous, que les élèves sortent trop jeunes des fermes-écoles. Dans son zèle pour la prospérité de notre agriculture, il voudrait que les jeunes gens n'entrassent dans les écoles d'agriculture, que peu de temps avant de satisfaire à la conscription, qu'ils fussent dispensés du service militaire, comme le sont ceux qui se destinent au service du culte, de l'instruction, de l'armée. Il serait bien à désirer qu'il en pût être ainsi, pendant quelques années au moins, tant que nous manquerons d'agriculteurs instruits. Etendre ce privilége à tous les élèves des fermes-écoles, serait peut-être aller bien loin; on pourrait, du moins, en faire jouir les élèves des écoles régionales, aujourd'hui au nombre de trois, mais dont on devrait augmenter le nombre: ces écoles ayant surtout pour but de faire des agronomes, des professeurs d'agriculture, des directeurs de fermes-écoles. Mais les élèves ne devraient être admis dans ces écoles régionales qu'à 19 ans révolus, au lieu de 17, et y rester plus de trois ans. Aujourd'hui, par amour du gain, les parents poussent un peu trop leurs enfants à la précocité de l'intelligence, ils veulent trop vite en faire des machines à argent. Si la science et l'argent sont de très bonnes choses, un bon jugement vaut encore mieux. Loin de favoriser cette tendance des parents à abréger le temps des études de leurs enfants, le Gouvernement devrait

au contraire l'allonger pour toutes les professions , en se rappelant que, depuis cinquante ans, toutes les connaissances humaines ont pris un tel développement, qu'elles ont au moins
doublé en étendue et en variété. Le temps nécessaire pour les
étudier devrait donc être augmenté.

Mais n'y aurait-il pas quelque chose de mieux à faire que
d'exempter du service militaire les élèves des fermes-écoles ?
Ne pourrait-on pas au contraire faire de tous les soldats, qui
sont presque tous des cultivateurs , non tout-à-fait des élèves
de fermes-écoles ; mais, profitant du temps que ces jeunes gens
passent à l'armée, ne pourrait-on pas, en leur faisant quelques
observations sur les différentes pratiques agricoles des pays,
où ils sont successivement en garnison, attirer leur attention
sur ces pratiques, leur dire en quoi elles sont bonnes ou mauvaises, meilleures ou plus mauvaises, que celles que l'on pratique dans leur pays. Dans un régiment, on trouve souvent des
cultivateurs de tous les points de la France : on pourrait tirer
un très-grand parti de ces circonstances pour faire, non un
véritable cours d'agriculture aux soldats, mais quelques conférences au moyen desquelles on les amenerait à observer avec
attention des différentes pratiques agricoles. Aujourd'hui des
soldats, qui sont peut-être les enfants des pays les plus mal
cultivés, passent plusieurs années dans les pays les mieux cultivés de France, sans y rien voir, sans rapporter chez eux aucune des bonnes pratiques de ces pays ! Comment tant d'officiers distingués, qui, retirés du service, deviennent de grands
agriculteurs, n'ont-ils jamais pensé à utiliser ces circonstances,
si favorables au progrès de l'agriculture, à créer des *écoles
agricoles régimentaires ?* Il y aurait dans l'organisation de ces
écoles un des moyens les plus rapides , les plus puissants, les
plus pratiques, de répandre l'instruction agricole. Plusieurs
officiers intelligents, instruits, prendraient certainement à cœur
cette œuvre si utile, si pleine d'intérêt pour la France ; les professeurs d'agriculture et les élèves ne manqueraient pas.

Dans le département de la Mayenne , par l'initiative et sous
l'impulsion si active et si éclairée de M. Jamet, on enseigne
l'agriculture dans les écoles primaires , où des concours sur
l'instruction agricole ont eu lieu, depuis 1847, entre les instituteurs ; et, depuis 1854 , ils ont lieu non plus seulement entre
les maîtres , mais aussi entre les élèves, qui ont généralement

répondu d'une manière satisfaisante aux questions posées sur l'éducation du bétail, les prairies artificielles, la culture des plantes fourragères et l'assainissement des terres. En 1847, M. Jamet avait donné 1,000 fr. pour cet objet ; le conseil général de la Mayenne a depuis lors voté chaque année une allocation dans le même but. En 1855, quatre doubles prix de 140, 100, 70, 40 fr. ont été donnés aux maîtres et aux élèves.

Dans toutes les écoles normales d'instituteurs et d'institutrices, on devrait donner aux élèves des notions d'agriculture et surtout des notions de JARDINAGE. comme cela avait lieu à Rennes, de 1832 à 1838 ; le jardinage étant le modèle de l'agriculture la plus perfectionnée, qu'il faut sans cesse citer en exemple aux cultivateurs, puisque leurs cultures ne seront bonnes, que lorsque toutes leurs terres seront cultivées comme des jardins, comme cela a lieu dans les Flandres françaises et belges. D'un autre côté, rien n'est plus négligé, en France, que le jardin de la ferme, pour la culture des légumes et des arbres fruitiers, et cependant, que de ressources pour l'alimentation humaine, les cultivateurs ne trouveraient-ils pas dans la culture bien entendue de leurs jardins. Par suite, dans chaque commune rurale, on devrait annexer à l'école des filles et des garçons un terrain plus ou moins étendu, où le maître jardinerait, cultiverait, sous les yeux des enfants, en leur donnant des instructions sur ses opérations, comme cela se pratique déjà avec succès dans quelques localités. Cela serait surtout utile en vue de la culture des légumes et des arbres fruitiers. En France, la culture du jardin de la ferme, la greffe et la taille des arbres sont choses inconnues, ou très-mal pratiquées. La culture étant du jardinage en grand, là où le jardinage est mauvais, la culture ne saurait être bonne. Cela dit toute l'importance de l'horticulture. Depuis que ceci est écrit, le 16 février 1856, l'Empereur a décidé que l'on donnerait aux élèves instituteurs des écoles normales des notions pratiques d'agriculture et d'horticulture, pour qu'ils puissent les transmettre aux élèves des écoles rurales : excellente institution, mais pour l'avenir, ses effets ne devant se faire sentir que dans 25 ans.

CHAPITRE VI.
Des ouvrages d'agriculture.

—

Section I.

Ils sont le moyen le plus général de propager l'instruction agricole.

Mais lors même qu'on augmenterait beaucoup le nombre de ces diverses écoles d'agriculture, qu'on leur donnerait la meilleure organisation possible, en vue d'augmenter beaucoup le nombre des élèves, de les rendre capables de marcher à la tête du progrès agricole, ce sera toujours un moyen très-bon, mais onéreux, lent, insuffisant pour la propagation générale, et aussi rapide que possible, des améliorations agricoles ; un moyen qui ne s'adressera qu'à un petit nombre de jeunes cultivateurs, peu influents, et qu'aux enfants ; qui laissera toujours en dehors de l'instruction agricole la population au-dessus de vingt ans. C'est précisément celle-là qui est aujourd'hui la partie active, opposante, influente de la population ; que l'on *ne peut* plus envoyer à l'école ; à laquelle il faut cependant donner, sinon l'instruction, au moins les dispositions les plus favorables à l'introduction des améliorations.

Le seul moyen d'instruction générale et d'un effet puissant, qui convienne à cette masse si importante de la population, c'est de propager parmi elle des ouvrages élémentaires d'agriculture, courts, à très bon marché ; des instructions fréquentes, tous les huit ou quinze jours, tous les mois, par la voie des journaux d'agriculture, et permanentes par des instructions-affiches, des journaux-affiches toujours placardés ; en distribuant beaucoup de ces ouvrages, de ces journaux, d'abord gratuitement, s'il est possible ; c'est d'amener les cultivateurs à lire ces ouvrages, ces journaux, en organisant une *association générale* des cultivateurs par commune, canton, arrondissement ; c'est de créer, dans chaque commune, des comices, des lectures à haute voix, des *conférences agricoles du Di-*

manche, où, tous les huit jours, ou au moins une fois par mois, des livres, des journaux d'agriculture seront lus en commun, commentés ; où des questions d'agriculture pourront être traitées par quelques hommes éclairés de la commune ou d'ailleurs, par des professeurs permanents, ou ambulants d'agriculture ; où chacun pourra rendre compte de ses essais, de ses observations, de ses projets d'amélioration. Voilà pour les habitants qui ne peuvent plus aller à l'école ; c'est surtout pour ceux-là qu'il faut créer la publicité et l'enseignement agricoles, ruraux, sur place ; mais, pour qu'ils fussent féconds, il faudrait qu'ils eussent lieu comme la publicité des annonces de marchandise et autres ; que les faits agricoles que l'on veut propager fussent répétés jusqu'au rabâchage, publiés en permanence, toujours affichés. Conseiller une amélioration aux cultivateurs une fois en passant, n'est absolument rien, autant en emporte le vent ; la leur conseiller très-souvent, tous les huit jours, tous les jours, à chaque instant, serait le seul moyen de la leur faire adopter ; car on connaît l'empire de l'habitude : on avoue qu'une chose est mauvaise, on approuve le mieux, et on continue à mal faire.

Quant aux enfants qui vont aux écoles, les premières lectures étant celles qui produisent le plus d'impression, qui laissent les souvenirs les plus ineffaçables, on doit exiger que tous, sans distinction, riches et pauvres, garçons et filles, élèves des écoles secondaires et primaires, possèdent un livre d'agriculture. Si les parents ne savent pas lire, ou s'ils sont assez insouciants pour ne pas lire le livre d'agriculture, qu'ils peuvent avoir entre les mains, il faut prendre une voie détournée pour le leur faire lire, et les enfants peuvent en être le moyen. On doit aussi chercher avec soin tout ce qui peut rendre aux enfants le travail le moins ennuyeux possible ; assurément les enfants des campagnes, et même ceux des villes, liront avec plus d'intérêt un livre élémentaire d'agriculture, qu'un livre de géographie ou d'histoire de France. D'ailleurs, les connaissances agricoles sont utiles à tous les hommes, quelque rang qu'ils occupent dans la société ; elles sont aussi utiles aux femmes de la campagne qu'aux hommes. La direction de très-grandes exploitations n'est-elle pas souvent confiée aux femmes par la mort, la maladie, l'absence du chef de la famille. Les femmes de la campagne sont généralement encore moins éclairées que les hommes ; elles tiennent , parfois, beaucoup plus qu'eux aux anciens usages de la culture ; elles sont souvent un obstacle insurmontable aux améliorations , que les hommes voudraient introduire ; c'est une raison de plus pour leur donner l'instruction agricole.

On doit donc prescrire à tous, instituteurs, institutrices, professeurs de tous degrés des deux sexes, de veiller à ce que tous les élèves aient le livre élémentaire d'agriculture, adopté pour l'école ; de faire lire chaque jour quelques pages de ce livre ; d'en faire apprendre des passages de mémoire ; de prendre leurs sujets de dictées, leurs exemples d'écriture dans ce livre ou dans d'autres tels que le calendrier Dombasle ; d'adresser aux enfants des questions sur ce qu'ils ont appris et lu dans ces ouvrages. Ces prescriptions doivent être générales, strictement exécutées, puisque les connaissances agricoles sont utiles à tout le monde, aux femmes comme aux hommes, qu'il est reconnu que le défaut d'instruction agricole est bien réellement l'obstacle le plus général, le plus puissant, aux progrès de l'agriculture, celui qui domine tous les autres ; qu'il fait sentir ses effets, même chez les hommes les mieux disposés pour l'agriculture, chargés de l'encourager , chez les membres des comices ; et c'est cependant l'obstacle sur lequel on a le moins insisté, celui que l'on s'est le moins efforcé de détruire.

Et comment propriétaires et cultivateurs sauraient-ils en quoi consiste l'agriculture rationelle, quand ils ne l'ont appris nulle part, quand ils n'en ont aucun exemple sous les yeux. A défaut d'exemples multipliés et recevant de la publicité, ceux-là seuls ont de la puissance, où apprendront ils à connaître cette agriculture, si on ne leur met pas entre les mains les livres qui l'enseignent ; si on ne leur donne pas les moyens de se les procurer ; si on n'organise pas des institutions , qui les excitent à lire ces livres, à discuter, à pratiquer, ce qu'ils y auront appris.

Et comment nos cultivateurs sortiront-ils de leur ignorance, si les propriétaires, si beaucoup de membres des comices, des sociétés d'agriculture, non seulement restent eux-mêmes dans l'ignorance des moyens, que la science offre d'améliorer l'agriculture, mais de plus ne font aucun effort, pour obliger les cultivateurs à s'éclairer.

Si les connaissances agricoles sont indispensables aux cultivateurs, elles ne sont pas moins utiles aux propriétaires : soit
qu'ils cultivent par eux-mêmes, ou qu'ils tirent parti de leurs
terres par la voie du fermage, du métayage, ou de la régie.
Sinon ils mettront dans leurs baux des clauses, qui peuvent
empêcher le fermier de faire des améliorations ; qui prescri-
ront même l'emploi de mauvaises pratiques de culture. Ils se
refuseront aux améliorations, qu'un fermier intelligent leur
demandera à faire, même à ses frais ; ils feront sur leurs
terres des opérations plutôt nuisibles qu'utiles. Ces connaissances sont encore plus indispensables aux propriétaires, qui
font valoir par des métayers, des colons partiaires ; car ils
sont, s'ils le veulent, de véritables directeurs de la culture ;
d'eux dépendent les progrès qu'elle peut faire. Or le métayage
s'étend encore sur la moitié du sol de la France.

Si les propriétaires restent ignorants des choses de l'agriculture, à quoi servira d'avoir créé des fermes-écoles, des fermiers instruits, intelligents ; que deviendront les régisseurs qui
sortiront de ces écoles, s'ils ne trouvent pas de propriétaires
éclairés, pour pouvoir traiter avec eux ; pour établir les conditions de la régie de leur domaine et en suivre l'exécution.

Il faut donc chercher à éclairer les propriétaires, aussi bien
que les laboureurs, et le seul moyen d'y parvenir est encore de
propager les ouvrages, les journaux élémentaires d'agriculture.
Mais comment opérer cette propagation ? En distribuant
d'abord *gratuitement*, au plus grand nombre possible, ces
ouvrages, achetés avec tout ou partie des fonds affectés aux
primes d'agriculture ; avec des fonds votés par les communes,
les départements ; donnés par des propriétaires bienveillants
pour cette œuvre de propagation ; avec ceux destinés aux
achats de livres pour les écoles.

Les primes d'agriculture sont certainement très-utiles,
quand elles sont bien décernées. Comme, malheureusement,
elles sont souvent très-mal distribuées, par suite du défaut
d'instruction agricole des membres des comices, devrait-on
craindre de consacrer, pendant quelques années, tous ou
presque tous les fonds des primes à la propagation de l'instruction agricole? nous ne le pensons pas. Les primes d'agriculture,
même bien distribuées, ne sont jamais qu'un fait isolé ; qui ne
se produit qu'une fois par an ; qui n'intéresse que quelques

individus ; qui est souvent sans retentissement général et qui
n'a pas toujours la grande influence qu'on lui attribue.

Lorsque tous les habitants d'un pays sont atteints d'un même
mal, on ne prétend pas les guérir tous en appliquant un remède
seulement à quelques-uns, mais bien en attaquant le mal dans
sa racine, sur tous les points, par tous les moyens; mais d'abord
en employant le remède le plus général, celui qui comprend
tous les autres, qui peut ou les remplacer tous, ou augmenter
leur efficacité. Le défaut d'instruction agricole étant le mal,
qui atteint tout le monde, propriétaires et cultivateurs, il faut
l'attaquer sur tous les points par la presse, la parole, l'exemple,
et d'abord essayer de le faire disparaître par le moyen le plus
général de la presse, par celui qui est le plus propre à préparer
la voie aux autres moyens, en donnant des ouvrages d'agriculture au plus grand nombre, et à tous, s'il est possible. Car
donner mille francs en mille ouvrages, qui s'adresseront non
seulement à mille individus, mais à mille ménages, à mille
villages, c'est attaquer l'ignorance beaucoup plus vigoureuse-
ment, qu'en donnant 1000 fr. à quelques individus, pour des
améliorations souvent très-contestables, et qui, dans tous
les cas, ne procureront l'instruction à personne. Ne vaut-il pas
mieux faire du bien à mille individus qu'à une douzaine, surtout quand il y a beaucoup de chances, pour que ce bien
rejaillisse sur des milliers de personnes.

SECTION II.

Des moyens de favoriser la propagation des ouvrages d'agriculture.

S'il est démontré que l'ignorance est surtout ce qui empêche
nos cultivateurs de bien diriger leurs exploitations, en les ins-
truisant tous, on leur ferait comprendre quels sont leurs véritables intérêts ; alors on n'aurait, pour ainsi dire, plus besoin
de primes pour les encourager à bien faire. Car pourquoi
fonde-t-on des primes? pour porter à la connaissance des
laboureurs, qu'ils auraient intérêt à agir de telle manière ; mais
ce moyen, très-borné dans son action, n'éveille l'attention que
d'un très-petit nombre, pendant un temps très-limité, et, le
plus souvent, par suite du défaut d'instruction des cultivateurs

et de ceux qui font les programmes des primes à distribuer, ces primes ne sont pas un *enseignement* pour le public, ou, si c'est un enseignement , il ne le comprend pas, faute d'instruction.

Au contraire, la propagation des livres d'agriculture réunit tous les caractères d'un moyen puissant, puisqu'il répond à tous les besoins, s'adresse à tous les âges, aux enfants des écoles ; aux adultes ; à toutes les conditions ; aux propriétaires; aux cultivateurs ; aux hommes ; aux femmes ; aux pauvres, aux riches ; aux savants, aux ignorants ; même à ceux qui no savent pas lire, par la lecture *à haute voix ;* il indique les procédés anciens de l'agriculture, et les nouveaux ; les progrès faits et à faire; son action est de tous les jours, de tous les instants.

Pour savoir comment porter cette instruction agricole dans les campagnes, il faut se rappeler que la *constitution du personnel* de la culture est l'*isolement physique et intellectuel* et l'*impossibilité de se déplacer* pour aller chercher cette instruction. Les cultivateurs, patrons et ouvriers, sont de grands enfants, qu'on ne peut plus envoyer tous les jours à l'école ; il faut donc leur porter l'instruction *à domicile*, sur place, à chaque *ménage, à chaque individu.* De plus , le laboureur *n'a pas le temps de lire* des ouvrages d'agriculture longs et chers, qu'il n'achètera pas, qu'il ne comprendrait pas, tant qu'il ne sera pas un peu éclairé. Il lui faut d'abord des *résumés*, des *pensées sommaires*, des *Credo* qu'il retient, qu'il comprend, parce qu'il peut les lire souvent, sans fatigue, et qui, rapprochant les faits, lui apprennent instinctivement à généraliser ses idées et par là élargissent la sphère de son intelligence.

Le moyen le plus puissant, le plus certain, le plus rapide, le moins coûteux, de détruire chez les propriétaires, les hommes instruits et *surtout* chez les laboureurs, le défaut d'instruction agricole : c'est d'éveiller l'attention des cultivateurs, de produire une agitation agricole générale, permanente, en créant la publicité, l'enseignement agricoles, ruraux, sur place, généraux, répétés, permanents, par des journaux généraux et locaux d'agriculture, en pages et en *affiche*, pour les placarder dans les lieux publics ; par des instructions courtes, des résumés, des *Credo agricoles* en pages et en *affiche*, pour placarder partout, et surtout par des livres d'agriculture très-courts, à très-bas prix,

répétant toujours la même chose sous des titres et des formes
variables, mis entre les mains de tout individu de tout âge et de
tout sexe, sachant lire ; par des lectures agricoles à haute voix,
des conférences agricoles communales du Dimanche, pour détruire l'isolement intellectuel et physique des cultivateurs
associés en comices communaux. Il faut au moins que chaque
ménage ait un livre d'agriculture, comme il a un almanach,
quels que soient le nombre et le sexe des individus qui le composent. Si on ne peut arriver de suite à un pareil résultat, on
peut du moins facilement donner un livre d'agriculture par
village, et, en tenant rigoureusement la main à ce que tous les
enfants, qui fréquentent les écoles, achètent un livre d'agriculture
pour livre de lecture, on peut arriver assez promptement, à ce
qu'il y en ait un à chaque foyer. Mais il vaudrait encore mieux
que *chaque individu* sachant lire, homme, femme, enfant, en
eût un, comme il a un livre de prières. Par ce moyen seulement,
tous recevront prochainement l'instruction agricole *sur place* ;
c'est alors qu'une *agitation* agricole, permanente, se manifes-
tera dans chaque village, dans la commune, dans le pays ; que
la *discution* agricole naîtra dans chaque ménage, s'engagera sur
ce que contiennent les ouvrages d'agriculture. Et à leur suite
les améliorations agricoles marcheront, aussi rapidement que
cela est possible dans un art, où tout marche nécessairement
lentement ; car il n'y a qu'une moisson chaque année, les animaux ne rapportent qu'une fois l'an.

C'est alors que les améliorations agricoles seront essayées,
réalisées, souvent par des moyens que l'on ne soupçonne pas,
par l'entraînement du fort par le faible, par les femmes, les enfants, les domestiques, les moins gros bonnets de la commune.
Ces individus écoutent plus vite la voix de la vérité, la font entendre et s'y soumettent ; ils ont souvent l'intelligence plus vive,
moins encombrée de préjugés que les hommes et surtout que les
gros bonnets de l'endroit, qui, parce qu'ils sont les premiers de
leur village, se croient aussi les premiers laboureurs du monde,
pensent qu'on ne peut rien leur apprendre et sont les plus entêtés dans leurs mauvaises traditions agricoles. Quand, par
diverses circonstances, l'administration ou les sociétés agricoles
donnent quelques ouvrages ou instructions sur l'agriculture,
c'est cependant à ces gros bonnets, que les maires les distribuent :

c'est bien à tort, car, mis entre leurs mains, c'est du bien entièrement perdu.

Nous avons déjà été plusieurs fois témoin de ce que nous avançons. C'est le Dimanche, toute l'année ; tous les jours dans les veillées d'hiver, qu'on lit, qu'on discute ce qu'il y a dans les livres d'agriculture, et ce sont presque toujours les femmes, les enfants, qui donnent les premiers des signes d'approbation, qui engagent les hommes à pratiquer ce qu'ils ont appris dans les livres. Ce sont les enfants qui, au retour de l'école, disent à leurs parents qu'il faut faire de telle et telle manière, comme le dit le livre d'agriculture. Les journaux locaux d'agriculture en pages, les journaux et ouvrages d'agriculture en *affiche*, la lecture à haute voix dans les écoles et conférences du Dimanche de ces journaux et petits livres, d'autres ouvrages plus détaillés, sur lesquels on donne des explications plus ou moins développées, suivant l'état d'avancement des esprits de l'auditoire, sont aussi très utiles, parce qu'ils excitent à lire les livres, qui *restent, auxquels on peut toujours revenir ;* mais, sans les livres répandus partout, ce que l'on écrit dans les journaux, ce que l'on dit dans les conférences, à peu de choses près, *autant en emporte le vent.*

C'est pour répondre à ces besoins, que nous avons publié plusieurs petites brochures agricoles de plus en plus courtes, de plus en plus à bas prix, généralisant, résumant toujours de plus en plus les principes fondamentaux de l'agriculture, de manière à répéter toujours la même chose sous des titres divers, sous une forme un peu différente, à présenter les mêmes vérités sous des aspects variés, suivant la loi de l'*unité dans la variété.* Nous espérons que l'exemple que nous avons donné sera suivi par des personnes plus capables que nous, qui ne pouvons parler que d'après nos observations, nos réflexions non éclairées par la pratique. Les livres publiés sur l'agriculture sont, en général, trop longs, trop chers, pour que ceux qui n'en comprennent pas la valeur les achètent, les cultivateurs pour les lire ; les propriétaires pour les lire et les distribuer à leurs fermiers ; pour que les instituteurs les adoptent, comme livres de lecture pour leurs écoles.

En faisant imprimer en province, sans luxe, sans faire aucun sacrifice, mais aussi sans faire aucun bénéfice, on peut publier des ouvrages d'agriculture, tels que ceux que nous avons publiés, de simples résumés qui, nous l'espérons, seront très-utiles pour donner *d'abord* le goût de l'instruction agricole aux cultivateurs, qui n'ont pas le temps de lire, et même aux propriétaires, que les longues lectures sérieuses ennuient. D'ailleurs, on retient plus facilement des pensées sommaires, des vérités dites en peu de mots, que les longs discours qui les expliquent. La lecture de petits livres qu'on peut lire très-souvent, que l'on comprend à force de les lire, conduit plus tard à en acheter, à en lire de plus détaillés. Les petits livres sont faits pour l'instruction primaire, et nous en sommes là en agriculture.

. D'un autre côté, il y a 25 millions de cultivateurs, ou six millions de ménages agricoles. Il faudrait pouvoir donner un livre d'agriculture aux laboureurs de tout âge et de tout sexe, sachant lire, c'est-à-dire à 6, 10, 15 millions. Mais rien que pour donner un livre d'agriculture du prix d'un franc à six millions de ménages agricoles, il faut six millions de francs ! Devant un pareil chiffre, l'initiative individuelle n'est rien, le gouvernement seul peut agir. Pour donner à tous les ménages le livre d'agriculture le plus court, le plus simple, au plus bas prix possible, le *Credo agricole*, à un centime, il faut encore une somme de 60 mille francs, en moyenne 250 fr. par arrondissement. Il y a dans chaque arrondissement de France bien peu de propriétaires qui veuillent, ou qui puissent faire ce sacrifice d'argent pour l'agriculture, et se donner les soins nécessaires pour faire remettre à tous les ménages ce Credo agricole. Par l'entremise de l'administration, cela peut se pratiquer assez facilement, en en faisant faire la distribution aux habitants de chaque ménage, lorsqu'ils sortent de l'église.

S'il est difficile de trouver dans chaque arrondissement une personne qui veuille consacrer, en moyenne, 250 fr. pour donner le Credo agricole à tous les ménages, on doit pouvoir facilement trouver dans chaque commune une personne, ou une association de personnes, et à défaut les conseillers municipaux, avec les fonds des communes, qui voudront bien consacrer quelques francs à l'acquisition de quelques centaines de *Credo agricole*, pour en donner un à deux à chaque ménage. La population moyenne des communes *rurales* de France est de 800 habitants ou 200 ménages ; ainsi, en moyenne, avec 5 fr. par commune, on peut donner plus de deux *Credo agricole* par ménage.

Envisagée de ce point de vue, la question de la propagation des petits livres d'agriculture est assez simple.

A défaut de livres d'agriculture dans le genre de ceux que nous venons de publier, pourquoi les almanachs à deux sous et plus, qui sont vendus chaque année en si grand nombre aux cultivateurs, ne contiendraient-ils pas toujours un résumé des principes fondamentaux de l'agriculture, un Credo agricole, comme ils contiennent les dates des foires, Credo qui, suivant le prix de l'almanach, pourrait être plus ou moins long.

Et comme, malgré tous ces moyens de propagation, il sera encore difficile de donner à chaque ménage et encore plus à chaque individu, sachant lire, même le Credo agricole ; en voyant le Dimanche, avant et après les cérémonies du culte, les laboureurs *piqués* devant *le Moniteur des Communes*, pour le lire ou l'entendre lire, nous avons fait imprimer le *Credo agricole*, en affiche pour le placarder en permanence, comme le *Moniteur*. En attendant que chacun puisse avoir le Credo agricole, par don ou par achat, ce serait un moyen très-économique de donner un livre d'agriculture à un grand nombre et de les exciter à l'acheter. On pourrait aussi afficher le Credo agricole dans les écoles, les lieux publics, les halles, les mairies, les études de notaires, les justices de paix, les bureaux de percepteurs, les cabarets, dans tous les lieux où les hommes ont un moment d'oisiveté, qu'ils pourraient utiliser par la lecture du Credo. Mais la loi sur le timbre des affiches placardées *extérieurement* est, pour ce cas seulement, un obstacle à ce mode de propagation de l'instruction agricole, mode et obstacle, que nous signalons à l'attention du gouvernement.

Par nos brochures agricoles de plus en plus courtes, à un prix de plus en plus bas, nous avons cherché à résoudre le problème autant que peut le faire un simple particulier. Ainsi, pour 5 fr., on a 500 *Credo agricole*, et, par l'achat par vingt et trente exemplaires de trois de nos brochures, vu les dispositions typographiques et la concision du style, on a l'équivalent d'un volume de 300 pages, en dix ouvrages, pour 35 centimes, et quatre-vingt-sept ouvrages pour 6 fr. 10 c. ; dont plusieurs contiennent une planche représentant les modèles des bêtes de boucherie. Les deux premiers ouvrages indiqués ci-dessous sont surtout faits pour être propagés, puisque, étant

obligé d'en acheter plusieurs pour cinq centimes, on sera nécessairement amené à en donner à ses connaissances.

Le *Credo agricole*, en pages, avec planche. 5 pour 0 f. 05. 0 f. 05
Des Fourrages, du Bétail, etc.......... 2 pour 0 05. 0 05
La Vie à bon Marché,   seul. 10 c... 30 pour 1 50. 0 05 l'un
Des Engrais du Ciel,   seul, 10 c... 30 pour 1 50. 0 05 l'un
Du Fumier, avec planche, seul, 20 c... 20 pour 3 »». 0 15 l'un
                                      87   6 10 0 35

Le *Credo* affiche, avec planche, non timbré, deux pour 0 fr. 05 c.

Quelques comices donnent des ouvrages d'agriculture avec
les primes, c'est peu de chose, et, de plus, ils s'arrêtent dans
cette bonne voie après une ou deux distributions ; parce que,
comme ce sont toujours à peu près les mêmes cultivateurs, qui
se présentent aux concours et qui obtiennent les primes (nouvel
inconvénient des primes bon à signaler), ils ont déjà le livre
d'agriculture, que donne le comice. Mais il n'y a pas qu'un
seul ouvrage d'agriculture bon à répandre.

Il ne faut pas croire avoir tout fait en fondant des prix pour
la composition des ouvrages élémentaires d'agriculture , en
couronnant ces ouvrages et en en patronnant d'autres, en en
recommandant la lecture ; il faut aussi les faire vendre, les
faire lire ; c'est le plus difficile. Si on attend les acheteurs, ils
viendront très-lentement ; si on ne va pas les chercher, Dieu
sait quand on verra la seconde édition de l'ouvrage couronné.
Même pour faire des distributions gratuites d'ouvrages d'agriculture, on éprouve des difficultés : l'ignorance des cultivateurs
est telle qu'on en trouve qui refusent de prendre l'ouvrage,
qu'on veut leur donner. A plus forte raison, parmi ceux qui
acceptent le livre , s'en trouve-t-il beaucoup qui sont longtemps sans l'ouvrir. Nous connaissons la grande objection, que
l'on fait à la propagation des ouvrages d'agriculture : *Mais,
chez nous, il serait inutile de donner des livres d'agriculture aux cultivateurs, ils ne les liraient pas.* (1) Sans doute ils

____

(1) A la fin de 1841, lorsque déjà 200 calendriers Dombasle, plus de
2,000 Manuels de M. Bodin étaient répandus, par nos soins, dans l'arrondissement de Fougères, lorsque des conférences agricoles du Dimanche existaient dans 14 communes, nous demandâmes au conseil

pourront ne pas les lire de suite, mais ils les liront encore bien moins, quand ils ne les auront pas à leur disposition. Ce qui importe, c'est qu'ils les aient sous la main, c'est que leur attention soit éveillée par cette possession, afin que lorsqu'ils entendront parler de ce livre, de ce qu'il contient, lorsque le moment de la curiosité arrivera, ils puissent la satisfaire. Ces livres sont une semence d'instruction, il leur arrivera comme à toute semence et suivant la parabole de l'Evangile, les oiseaux, le rocher, les épines se trouveront aux semailles ; mais qu'un seul grain tombe en bonne terre, il portera des fruits et rendra cent pour un. Semez donc si vous voulez récolter. Les livres d'agriculture sont aussi comme un instrument, qui remue tout le sol des intelligences, qui les prépare à bien recevoir, à faire fructifier les améliorations agricoles, les semences qu'on lui confiera. Bien souvent, si ces améliorations, ces semences viennent mal, ce n'est pas parce qu'elles ne valent rien, c'est parce qu'on les sème en sol mal préparé. La meilleure préparation à toutes les améliorations agricoles, c'est de commencer par le commencement, de donner l'*instruction* agricole à tout le monde.

Il faut donc que chaque ménage, chaque individu ait un livre d'agriculture, par don ou par achat. Ici encore une difficulté pour ceux qui veulent acheter ces livres. Dans chaque chef-lieu d'arrondissement, au moins, on devrait trouver un dépôt d'ouvrages élémentaires d'agriculture généraux et spéciaux ; l'établissement de ces dépôts devrait attirer l'attention des comités et sociétés d'agriculture. Les hommes sont si insouciants, même les hommes éclairés, que l'on doit, avec eux, être toujours en mesure de saisir les moindres occasions favorables. Une des raisons qui fait que les ouvrages d'agriculture se propagent peu, c'est qu'on ne trouve pas à les acheter chez les libraires de province, lorsque l'idée vient de le faire, et, quand l'idée est passée, elle ne revient pas de si tôt. Un autre

---

général d'Ille-et-Vilaine de favoriser la propagation des ouvrages d'agriculture, il répondit à cette demande : « L'instruction est trop » peu répandue dans les campagnes, où l'administration a quelquefois » de la peine à trouver des maires sachant lire et écrire, pour que des » distributions de Manuels d'Agriculture puissent produire, quant à » présent, quelques résultats. » ! ! !

obstacle à la vente de ces ouvrages est le défaut de débit, qui les maintient à un prix élevé, qui fait que les libraires exigent de fortes remises pour les vendre, et même ne veulent pas s'en charger. Comment exiger que tous les enfants des écoles aient tel livre d'agriculture, si les parents ne peuvent se le procurer que difficilement, s'il est plus cher que les livres de géographie, d'histoire de France ; livres parfaitement inutiles à des laboureurs qui ne quitteront pas leur clocher de vue, mais qu'ils trouvent à bas prix partout.

Autre difficulté , toutes les régions de la France n'ont pas encore un bon Manuel d'Agriculture : *le Calendrier du Bon Cultivateur* de Mathieu de Dombasle peut suffire aux besoins généraux, il reste toujours le meilleur de nos ouvrages généraux et élémentaires d'agriculture pratique ; mais ce n'est pas un livre pour les écoles, et de plus il a le défaut d'être du prix de 4 fr. 75, prix trop élevé, pour ceux qui ne connaissent pas la valeur de cet excellent livre, *qui ne m'a jamais trompé*, nous disait un simple laboureur. Si le gouvernement prenait des mesures pour faire diminuer le prix de cet ouvrage, comme il l'a fait pour des ouvrages d'une bien moindre utilité, s'il le répandait à profusion, il rendrait à la mémoire de Dombasle un hommage digne du prince des agriculteurs français, et il ne saurait faire un plus utile emploi des fonds accordés pour encourager l'agriculture. D'un autre côté, les éditeurs du calendrier Dombasle ne pourraient-ils pas faire une édition de cet ouvrage, réduite au calendrier seulement, de manière à en abaisser le prix à 1 fr. 50 ou 2 fr., ce qui en rendrait la vente plus facile. Car il faut que les auteurs et éditeurs d'ouvrages d'agriculture le sachent : tant qu'ils vendront ces ouvrages plus cher que tous les livres dont on se sert dans les écoles primaires, ils en vendront fort peu ; surtout en raison de la nombreuse clientèle de 25 millions de laboureurs, auxquels il serait si important de donner le goût des lectures agricoles. Il faut d'abord faire naître chez eux le goût de l'instruction agricole, soit en leur donnant, soit en leur vendant à très-bas prix, même à perte, quelques ouvrages d'agriculture très-courts ; c'est alors qu'ils craindront moins d'acheter des ouvrages d'agriculture d'un prix plus élevé, si surtout le colportage et les libraires de la localité les leur offrent.

Il faut, comme on le voit, vaincre bien des difficultés pour arriver à répandre à profusion des ouvrages d'agriculture ; mais toutes ne seraient pas insurmontables, si le gouvernement, les comices , les sociétés d'agriculture unissaient leurs efforts. Ce qui le prouve, c'est que sans aucun appui, avec les faibles moyens dont peut disposer un sous préfet , nous avons pu le faire dans l'arrondissement de Fougères. En 1840 et 1841 , nous avons entrepris cette propagation des ouvrages élémentaires d'agriculture : en faisant venir ces ouvrages en grand nombre; en en donnant beaucoup ; en nous mettant marchand de ces livres, souvent à perte; les vendant en détail au prix de la vente en gros; usant de tous les moyens plus ou moins coercitifs en notre pouvoir, pour les propager ; exigeant que chaque mairie, chaque école, chaque cultivateur primé, eût ces livres; les rendant obligatoires , comme livres de lecture, dans toutes les écoles; excitant les propriétaires à les donner à leurs fermiers; obtenant des communes, des comités d'agriculture, des votes de fonds pour l'achat de ces livres ; les faisant colporter dans les campagnes par un libraire ambulant. Nous signalons ce dernier moyen comme très-avantageux pour la propagation de ces ouvrages ; à défaut de libraire ambulant , on pourrait s'adresser à quelques petits marchands-colporteurs , qui parcourent les campagnes, les foires et les marchés.

C'est en employant tous ces moyens, que nous avons bien fait vendre 2,500 exemplaires, la moitié de la première édition du *Manuel d'Agriculture* pour l'Ille-et-Vilaine, par M. Bodin, ouvrage publié en 1840. Depuis, l'arrondissement a bien aussi acheté au moins 1,500 exemplaires, presque le quart de la seconde édition de 1842 , qui est épuisée depuis peu de temps (M. Bodin publie une troisième édition). Voilà comment la vente des ouvrages d'agriculture, même locaux, marche lentement, en l'absence de moyens semblables à ceux que nous avons employés. Nous avons en outre fait venir et placé 200 calendriers Dombasle, une vingtaine d'exemplaires de la *Maison rustique du 19e siècle* et plusieurs autres ouvrages. Enfin, aujourd'hui, il doit y avoir au moins 4,000 ouvrages d'agriculture dans l'arrondissement de Fougères. C'est bien peu sans doute pour une population de 82 mille habitants , mais c'est beaucoup comparativement à d'autres arrondissements qui , pour la même population, n'en ont peut être pas 100. Mais sans avoir la puissance, même très-modeste, d'un sous-préfet, on peut encore, sans de grandes dépenses , ni beaucoup de soins , arriver à répandre en grande quantité des ouvrages élémentaires d'agriculture, comme le prouve ce que nous venons de faire en 1855.

Tous ces menus détails paraîtront futiles à ceux qui n'ont pas, comme nous, l'expérience de la lutte incessante qu'il faut soutenir, même pour faire cadeau d'un livre d'agriculture aux cultivateurs ; mais ils pourront être utiles à ceux qui voudraient tenter cette propagation des ouvrages d'agriculture. Ils devront prendre hardiment l'initiative, sans écouter les objections des gens timides, jaloux, qui se trouveront nécessairement sur leur chemin. On n'arrive à rien en attendant les désirs incertains, les indécisions, les *nous verrons cela*, les ajournements indéfinis de la plupart des hommes.

Mais ce n'est pas encore tout d'avoir mis des ouvrages d'agriculture entre les mains de tous les cultivateurs ; il faut qu'ils les lisent, les comprennent , pour n'en pas faire de fausses applications ; qu'ils trouvent l'occasion prochaine de produire les observations qu'ils ont pu faire sur ce qu'ils ont lu, vu , pratiqué. Les journaux locaux d'agriculture, les conférences agricoles du Dimanche répondent à tous ces besoins.

Si, de prime abord, on pouvait penser que la propagation des ouvrages élémentaires d'agriculture devait être utile, les faits qui se sont passés dans l'arrondissement de Fougères, depuis que des livres d'agriculture y ont été répandus, en grand nombre, doivent confirmer dans cette vue théorique et tendent à prouver que c'est un des meilleurs moyens d'attaquer la routine des cultivateurs et des propriétaires.

Cette propagation des ouvrages d'agriculture n'a pas pour seul résultat de répandre l'instruction agricole ; elle doit en outre donner le goût de l'instruction aux habitants des campagnes, en faisant connaître à nos cultivateurs, qui l'ignorent, que si l'agriculture est un art pratique et de localité , qui ne s'apprend réellement qu'en cultivant la terre, il y a aussi une science agricole , dont les principes sont applicables à tous les pays ; qu'en outre, la pratique agricole n'est pas la même partout, qu'elle vaut mieux dans certains pays que dans d'autres ; mais que, comme tout le monde ne peut pas aller voir de ses yeux ces pratiques différentes, on peut les apprendre par les livres comme toute autre chose ; que l'agriculture, comme tous les autres arts, se perfectionnant chaque jour, on ne peut suivre ses progrès, ses perfectionnements, qu'en lisant les livres, les journaux d'agriculture.

Les cultivateurs apprendront, par les livres et les journaux d'agriculture, qu'aujourd'hui les choses marchent plus vite qu'autrefois; que s'ils restent dans leurs anciennes habitudes, pendant que d'autres, plus intelligents, adoptent les améliorations, ils peuvent voir leurs produits dépréciés sur le marché, leurs bénéfices diminuer. Ils apprendront que l'agriculture est une industrie très-compliquée; que, comme dans toute industrie, il est indispensable de tenir compte de toutes les opérations agricoles, pour juger si elles sont ou ne sont pas avantageuses, afin de les modifier ou de les abandonner. Ils reconnaîtront que, pour faire tout cela, il faut apprendre à lire, à écrire, à calculer; acheter des ouvrages d'agriculture et les lire. Alors nos habitants des campagnes sentiront mieux la nécessité de sortir de leur indifférence, ils voudront se mettre dans le cas d'acquérir pour eux et de donner à leurs enfants, des connaissances sur l'agriculture, sur ce qui fait toute leur existence.

<hr>

CHPITRE VII.

Des journaux d'agriculture.

Après la propagation des ouvrages d'agriculture, les journaux locaux d'agriculture sont le mode le plus général d'enseignement agricole, que l'on puisse emprunter à la presse. Peut-être même est-ce, à plusieurs égards, un moyen supérieur à l'enseignement par les ouvrages d'agriculture et qui devrait le précéder. Aujourd'hui, plus que jamais, on n'aime pas les lectures sérieuses, longues; quelque court que soit un ouvrage sérieux, on le trouve toujours trop long. La lecture des journaux a beaucoup plus d'attrait: elle répond à ce goût pour les lectures sérieuses, courtes et variées. On n'entreprendra pas la lecture d'un ouvrage d'agriculture de plusieurs centaines de pages, mais on lira l'analyse de cet ouvrage éparpillée dans plusieurs numéros d'un journal; on ne lira pas toujours un journal d'agriculture tout entier, mais on en lira un article dont le titre frappera davantage.

A ce point de vue, la forme du journal n'est pas une chose indifférente, et la meilleure pour un journal local d'agriculture, à son début surtout, c'est la forme ordinaire des feuilles périodiques, parce qu'on n'a pas besoin de le couper pour le lire, et que, pouvant le parcourir des yeux rapidement, on tombe de suite sur l'article, qui fera peut-être lire le journal tout entier. Le journal, mis sous forme de brochure, pourra au contraire rester longtemps et toujours sans être coupé ; cela est si vrai, que, dans un temps, les lecteurs du *Journal d'Agriculture* pratique ont demandé que le journal leur fût envoyé coupé. Sous la forme de brochure, les instructions sont, il est vrai, plus faciles à conserver, à retrouver, et plus tard, lorsque le goût de l'instruction agricole sera plus répandu, cette forme pourrait être préférée ; mais au début l'autre forme est meilleure : elle éveille plus l'attention ; elle engage plus à lire le journal, en se prêtant mieux à mettre de suite, sous les yeux du lecteur, les articles courts et nombreux qui doivent entrer dans sa composition.

Un journal local bien dirigé, qu'il soit ou non entièrement consacré à l'agriculture, peut donc être un excellent moyen de commencer cette affaire si importante de l'instruction agricole, d'y préparer les esprits, d'attirer l'attention des propriétaires et des cultivateurs sur toutes les questions agricoles. De plus, dans les pays où le goût de cette instruction commence à naître, où il existe déjà, un pareil journal est encore un instrument puissant, indispensable. Les hommes, surtout les laboureurs, sont naturellement indifférents, et ceux-là même, qui sont les moins apathiques, ont besoin d'un stimulant, qui les réveille de temps en temps en excitant leur curiosité. Le meilleur aiguillon de cette curiosité est un journal local d'agriculture, paraissant au moins une fois par mois. Mais ces journaux locaux d'agriculture ne doivent pas être des doublures de ceux de Paris ; il faut qu'ils soient rédigés du point de vue particulier, qui devrait toujours être celui de la presse départementale, dont la mission est de vulgariser l'enseignement, en le spécialisant, en l'appropriant à chaque localité.

L'enseignement des journaux de Paris doit être général, il s'adresse à toute la France, et dans chaque localité, presque toujours, aux hommes qui ont des connaissances un peu générales. Mais le plus souvent cet enseignement n'est reçu que par quelques hommes, qui s'occupent plus de théorie que de pratique ;

il ne sort pas de leur cabinet , et il n'arrive pas à des milliers d'habitants du pays , qui pourraient mettre en pratique ce qu'il contient.

Et, quoiqu'on pense généralement le contraire, c'est bien moins la routine, que le *défaut de connaissances* et l'impossibilité de connaître , par l'absence de publicité agricole, qui font que les améliorations réelles se propagent si lentement. Chaque jour, des essais sont tentés en agriculture : ils n'ont pas de succès, souvent par l'ignorance de ceux qui les tentent. On en conclut de suite que toutes ces nouveautés sont des améliorations chimériques, et l'on retourne à la routine, avec la phrase obligée : *cela ne convient pas à notre pays*. Si , au lieu de donner l'enseignement agricole par les journaux de Paris à quelques hommes de théorie, on le donne, dans un journal du pays, à des milliers de praticiens , il s'en trouvera bien quelques-uns qui liront, comprendront, feront des essais, et au moins un qui réussira, si le succès est possible. Que ce seul bon résultat, obtenu par un simple cultivateur, reçoive de la publicité, mais une véritable publicité rurale , les améliorations ne marcheront-elles pas plus rapidement que par les moyens actuels, lors même que les journaux agricoles de Paris parviendraient à des milliers de praticiens.

Les journaux agricoles de Paris, s'adressant à toute la France doivent contenir une foule de choses utiles à un grand nombre inutiles à plusieurs localités. Mais , par cela même , on y trouv- ce qui convient à chaque localité. C'est à la presse départemer- tale d'en extraire ce qui peut être applicable aux différentes lo- calités et de l'approprier à leurs usages, et même à leur langage, en un mot de vulgariser , de spécialiser l'enseignement général, souvent trop élevé, des journaux de Paris. De quel intérêt , en effet, peuvent être, pour les départements du nord de la France, les articles de ces journaux sur les cultures du midi, et récipro- quement. Comment beaucoup de propriétaires, et surtout de cul- tivateurs , pourraient-ils comprendre certains articles de science agricole, de chimie, de physiologie végétale et animale, d'écono- mie sociale, qui sont très-bien à leur place dans les journaux de Paris? Il faut cependant parcourir tous ces articles pour arriver au seul fait qui peut vous intéresser ; souvent même ce n'est qu'a- près avoir lu plusieurs numéros de ces journaux, que l'on y ar- rive. Le but de la presse départementale est de présenter, aux habitants de chaque localité, tous ces faits qui peuvent les intéresser, mais sous la forme la plus simple, la plus claire, dégagés de tout entourage inutile ou inintelligible pour eux ; c'est d'épargner à l'homme, naturellement insouciant, la peine qu'il ne prendrait pas d'aller à la recherche de ce fait, qui peut faire sa fortune et celle de son pays.

C'est à la presse agricole locale de donner la plus grande publicité aux faits, que nous avons mentionnés avec Dombasle, page 18, ainsi qu'à tous les autres faits qui intéressent l'agriculture. C'est à elle d'indiquer, parmi les découvertes qui se font en agriculture, celles qui sont applicables à la localité, en en modifiant l'application, s'il y a lieu ; de rendre un compte détaillé des essais tentés, des résultats bons ou mauvais obtenus par les agriculteurs du pays, par ceux des localités voisines ; de faire connaître en les expliquant, en les commentant, les programmes des primes d'agriculture à distribuer et distribuées des comices du pays et des pays voisins, qui peuvent offrir quelques améliorations bonnes à adopter ; de donner des mentions honorables aux domestiques de ferme, qui se font remarquer par leur talent et leur bonne conduite ; aux propriétaires, aux cultivateurs, qui introduisent quelques améliorations dans l'administration de leurs terres, la culture de leurs exploitations ; de faire connaître le résultat des délibérations des comices, sociétés et chambres d'agriculture, des commissions de statistique agricole ; les ouvrages d'agriculture, qu'il peut être utile de répandre dans le pays. Enfin, c'est à elle de donner, à tout ce qui peut contribuer au perfectionnement de l'agriculture du pays, une publicité rurale, grande, fréquemment répétée et surtout appropriée au pays. Il ne faut pas perdre de vue que si la presse agricole de Paris est le haut enseignement, parlant à des hommes dont la plupart savent déjà beaucoup, elle peut sans inconvénient changer souvent d'enseignement, traiter de tout, ne s'arrêter à rien en particulier. La presse départementale agricole au contraire, c'est l'*enseignement primaire* : elle s'adresse à des hommes qui ne savent pas, ou qui savent peu, auxquels il faut faire oublier plusieurs des choses qu'ils savent. Elle doit donc les mener de ce qu'ils connaissent à ce qu'ils ne connaissent pas, les entretenir des faits du pays, qu'ils peuvent voir, toucher, expérimenter, vérifier dans leur pays. Elle ne doit pas craindre de rabâcher, il faut même qu'elle rabâche et que les plus intelligents en prennent leur parti, par égard pour les moins intelligents. C'est à force de répéter que l'on apprend, surtout quand il faut oublier une partie de ce que l'on sait. Un journal local d'agriculture doit être, pendant longtemps , un livre élémentaire paraissant périodiquement par articles, un calendrier agricole périodique, qui se réimprime tous les ans et même plusieurs fois par an, mais en présentant les mêmes objets, autant que cela se peut , sous des aspects nouveaux , et les représentant sous le même aspect, plutôt que de ne pas les représenter; traitant chaque question en saison convenable , tantôt par simple indication, par rappel ; d'autres fois par parcours plus ou moins superficiel, par analyse plus ou moins détaillée ; enfin à fond, historiquement, avec tous les détails possibles ; revenant sans cesse et sous toutes les formes sur les trois questions capitales de l'agriculture : la nécessité de l'*instruction agricole*; les *fourrages*; les *fumiers*. Cela peut être et cela est même très-ennuyeux, pour ceux qui savent, mais c'est la condition obligée de tout enseignement élémentaire : répéter, répéter de nouveau et encore répéter la même chose, jusqu'à ce qu'elle soit devenue vulgaire.

Depuis 1852, un journal d'agriculture pratique, paraissant deux fois par mois et remplissant à peu près les conditions du programme que nous venons de tracer, a été publié avec beaucoup de succès à Rennes, pour l'Ille-et-Vilaine, par M. Chevalier de la Teillais ; il est maintenant publié par la société d'agriculture du département.

Les journaux d'agriculture , publiés à Paris , ne peuvent donc remplir le but de l'enseignement agricole élémentaire. Quelques sociétés d'agriculture publient une ou plusieurs fois par an, même tous les mois , un bulletin de leur société. Beaucoup de ces bulletins ne contiennent le plus souvent que des procès-verbaux , assez insignifiants , des séances des sociétés ; les programmes des primes à distribuer et distribuées; les discours , plus littéraires qu'agricoles, prononcés par les membres de la société ; quelques documents officiels; parfois cependant de rares observations utiles et bonnes à répandre. Mais l'existence de la plupart de ces bulletins n'est connue que du petit nombre des membres de la société; ils ne parviennent pas aux cultivateurs, qui n'y apprendraient pas grand'chose ; beaucoup sont en même temps bulletins de la société d'horticulture, qui envahit souvent la place de l'agriculture. En un mot, l'argent employé à publier ces bulletins est généralement de l'argent perdu; il n'y a donc encore là rien à prendre, pour le véritable enseignement agricole local élémentaire. A qui demander cet enseignement par les journaux? A quelque chose qui n'existe pas, qu'il faut créer, soit en modifiant la rédaction de ces bulletins ou journaux des sociétés d'agriculture; soit en en établissant de nouveaux; en convertissant, en partie, en journal d'agriculture les journaux de faits et nouvelles diverses, qui existent aujourd'hui dans tous les chefs-lieux d'arrondissement.

C'est à peu près ce que nous avons fait, en 1857, en créant à Fougères un journal hebdomadaire, dans le but d'avoir à notre disposition un instrument économique, pour répandre des instructions sur l'agriculture. Pendant onze ans, vu notre position de sous-préfet, ce journal a été pour nous un puissant auxiliaire pour propager les connaissances agricoles, sans de grandes dépenses, ce qui n'est pas sans importance. En toutes choses et surtout en agriculture, vu le grand nombre de laboureurs auxquels il faut s'adresser, les questions d'argent entrent pour beaucoup dans ce que l'on fait ou ce que l'on ne fait pas, et la propagation des ouvrages, des instructions d'agriculture, marcherait certainement beaucoup plus vite, si on pouvait la faire gratuitement, ou au moins à très-peu de frais. Or, les cultivateurs sont 25 millions : des instructions à 1 centime, adressées à tous, coûtent déjà 200,000 fr.

La propagation d'instructions agricoles, par des articles insérés dans un journal hebdomadaire non agricole, vaut mieux que rien ; mais elle est peu fructueuse, elle ne va pas aux laboureurs, parce qu'elle est trop onéreuse ; c'est une affaire de 7 à 8 fr. par an, que les cultivateurs ne consentent pas à payer. Par un journal spécial d'agriculture, paraissant une fois ou deux par mois, c'est une dépense de 2 fr. 50 à 5 fr. par an : c'est encore bien cher, pour que les laboureurs et les communes s'y abonnent, que les propriétaires envoient ce journal à leurs fermiers, que les comices le répandent à un *grand nombre* d'exemplaires, ce qui seul est efficace. Et encore un pareil journal ne peut être publié, qu'à la condition de trouver une rédaction entièrement gratuite et des rédacteurs très-zélés.

Voici le procédé que nous avons employé, pour répandre à peu de frais beaucoup d'instructions agricoles. En faisant insérer ces instructions dans le journal hebdomadaire de l'arrondissement, les frais de composition se trouvaient payés par les abonnés du journal ; en faisant ensuite tirer ces instructions à part, nous évitions les frais de timbre du journal ; et, en les envoyant par la voie administrative, nous n'avions pas à payer les frais de poste, de pliage, d'adresse ; nous n'avions à supporter que les frais, très-minimes, de papier et de tirage et quelquefois d'un très-léger remaniement, pour la mise en page. De cette manière, ce qui eût coûté 15 centimes l'exemplaire ne coûtait qu'un centime à un centime et demi. C'est au moyen de cet aménagement, que nous avons pu envoyer 30 à 40 mille circulaires et instructions agricoles aux maires, curés, instituteurs, institutrices, et autres fonctionnaires, aux habitants de l'arrondissement de Fougères ; cela à peu de frais pour nous et gratuitement pour tous.

Il y a encore un autre moyen de publicité, d'enseignement agricoles, dont on n'a jusqu'ici fait aucun usage et que nous signalons à l'attention des amis de l'agriculture. Le gouvernement actuel fait placarder dans toutes les communes un *journal-affiche*, le *Moniteur des Communes*. Quoique ce journal ne contienne que des nouvelles politiques, lorsqu'il est placardé dans les environs de l'église, sur les murs du cimetière, dans un point où les habitants stationnent, avant ou après les cérémonies du culte, ils le lisent avec assez d'empressement ; un des assistants se charge quelquefois de la lecture à haute voix pour tous ceux qui l'entourent. Pourquoi le Moniteur-politique-affiché des communes ne deviendrait il pas de temps en temps, ou même toujours, un Moniteur-agricole-affiche, un calendrier-affiche de l'agriculture ? Le gouvernement ferait une chose très-utile à l'agriculture et à lui-même, s'il convertissait en totalité ou en partie son Moniteur-politique-affiche en un Moniteur-agricole-affiche. A défaut du gouvernement, les sociétés d'agriculture, les éditeurs de journaux locaux d'agriculture devraient faire l'essai de ce moyen de publicité agricole, que nous avons mis en pratique en publiant le *Credo agricole-affiche*.

On peut tirer un très-bon parti de l'intervention de l'administration pour la propagation des instructions agricoles ; car ce que nous avons fait comme sous-préfet, les comices, les sociétés d'agriculture pourraient le faire par l'entremise des préfets et sous-préfets, bienveillants pour l'agriculture, ou ayant reçu l'ordre de l'administration supérieure de se prêter à l'envoi de ces instructions.

Il vaudrait sans doute mieux que chaque arrondissement, ou au moins chaque département, eût son journal d'agriculture paraissant au moins une fois par mois, et cela serait facile à organiser. Aujourd'hui, tous les arrondissements ont des journaux politiques ou de faits divers, paraissant plusieurs fois par semaine, ou tous les huit jours. Il faudrait que ces journaux fussent divisés en deux parties, dont une paraissant une fois par mois, serait entièrement consacrée à l'agriculture, par conséquent exempte de timbre, et serait du prix d'abonnement d'1 fr. par an. On s'abonnerait séparément à ce journal d'agriculture, qui ferait toujours partie de l'abonnement au journal entier. Tout le monde ayant besoin d'acquérir des connaissances agricoles, ceux qui seraient abonnés au journal entier, et ce ne seraient pas en général les agriculteurs, mais bien les propriétaires, seraient forcés d'apprendre peu à peu quelques notions d'agriculture, et il ne faut pas dédaigner ce moyen semi-coercitif d'arriver au but

A ce point de vue, on doit regretter que les journaux quotidiens de Paris ne consacrent, presque jamais, aucune partie de leurs longues colonnes aux intérêts agricoles. Au lieu de faire, comme chacun sait, bien souvent à peu près le même article sur la politique, la philosophie, l'économie sociale, la théologie, etc., il serait tout aussi facile et beaucoup plus utile de refaire aussi très-souvent le même article sur l'agriculture, car ici la répétition est une qualité. Sans devenir des journaux d'agriculture pratique, ils pourraient parler de questions, de faits d'agriculture, intéressant toutes les parties de la France et qui, quoique traités d'une manière générale, peuvent être un enseignement pour toutes les localités. Aujourd'hui, que l'habitude d'avoir un journal quotidien est devenue une nécessité, que l'attention des propriétaires, des personnes qui ont reçu quelque instruction, se porte de plus en plus vers l'agriculture, un journal quotidien, qui publierait de fréquents articles d'agriculture théorique et pratique, non seulement acquerrait un nouveau degré d'utilité et d'intérêt, mais de plus il pourrait faire une bonne spéculation, car il ne tarderait pas à être préféré, par tous les agriculteurs, à tous les autres journaux politiques; or, les agriculteurs sont 25 millions sur 36 millions, c'est une assez belle clientèle à exploiter dans l'avenir.

Personne ne nie la puissance de la presse politique et littéraire, « pour notre temps, a dit M. de Salvandy, qui ne peut
» pas détruire ce grand instrument, qui ne veut pas s'en passer,
» qui n'a pas su s'en servir. Le journal parle de tout, s'adresse
» à tous, arrive partout, partout en même temps. C'est un
» livre qui recommence chaque jour, ne finit jamais, va cher-
» cher, solliciter le lecteur à son foyer, aux deux bouts de la
» terre; toujours le même et toujours nouveau, puissant à la
» fois par ce double empire de la répétition perpétuelle et de
» la perpétuelle diversité. »

« C'est une prédication qui ne lâche pas prise, qui revient
» à la charge sans repos, qui est la goutte d'eau sur le rocher....
» Dans vingt États aujourd'hui, c'est un quatrième pouvoir,
» comme il s'appelle. »

C'est précisément cette puissance, telle que vient de la décrire M. de Salvandy, qu'il faut à la France pour améliorer son agriculture. Si telle est la puissance de la presse politique, quelle ne serait pas celle de la presse agricole. Si le pays et nos gouvernements avaient fait, pour la presse agricole, la moitié de ce qu'ils ont fait pour la presse politique, non seulement nous compterions plusieurs révolutions de moins, qui nous ont appauvri d'un grand nombre de millions; mais, au lieu de cela, la France serait depuis longtemps dans une voie de progrès agricole, qui l'eût enrichie de plusieurs centaines de millions.

Il serait d'autant plus utile de voir les grands journaux de Paris et de la province entrer dans cette voie féconde, que la législation, la jurisprudence administratives et judiciaires sur la presse sont telles, que les petits journaux d'arrondissement ne peuvent plus, sans danger, traiter les questions d'économie rurale, qui sont souvent des questions d'économie sociale; et cela est d'autant plus fâcheux, que ce sont précisément ces questions qu'il faudrait pouvoir traiter, pour démontrer aux propriétaires, aux hommes instruits, l'importance sociale de l'agriculture. Comme si ce n'était pas assez pour l'agriculture d'avoir contre elle le commerce et l'industrie manufacturière, il faut encore que la politique vienne lui fermer la bouche.

C'est ici le cas de demander, avec Dombasle, au gouvernement, au législateur, une de ces mesures législatives, qui

favoriseraient bien plus efficacement les progrès de l'agriculture, qu'on ne peut le faire par l'emploi des fonds d'encouragement votés pour l'agriculture, pour les fermes-écoles, les
comices et institutions agricoles. Le gouvernement devrait d'a-
bord exiger que les sociétés d'agriculture, auxquelles il donne
des subventions, créassent ou patronnassent un journal local
d'agriculture pratique, en remplacement de leur bulletin, et ce
journal devrait être imprimé en feuille ou en pages et en affiche, pour être placardé. Le gouvernement devrait aussi exiger
que les sociétés d'agriculture fissent pour leur localité des
instructions agricoles en pages ou en affiche, courtes et à très-
bas prix, et qu'ils les répandissent en grand nombre, par tous
les moyens. Il devrait en outre demander au législateur
d'exempter des droits de timbre ces journaux-affiches et ces
instructions-affiches, et d'exempter aussi des droits de poste,
pendant quelques années au moins, et pour le département
seulement, ces journaux locaux d'agriculture et les instructions
ou brochures agricoles de deux à trois feuilles d'impression,
imprimés dans le département ; ou au moins ordonner aux
Préfets et Sous-Préfets de recevoir, pour les envoyer par la
voie administrative, ces journaux et instructions qui leur seraient
remis par les sociétés d'agriculture, ou gratuitement par des
particuliers non spéculateurs. Les communes et les départements devraient aussi être obligés d'affecter, chaque année, une
certaine somme pour la propagation de l'instruction agricole,
par les divers moyens que nous avons indiqués.

Il faut aller au devant des ignorants pour les éclairer et par
tous les moyens : et, quand il s'agit d'éclairer des masses
d'ignorants, par vingt millions, la dépense pour leur adresser
des livres, des journaux, des instructions, est toujours considérable, les moindres économies faites sur ces dépenses sont
très-importantes. Et, comme le prix des impressions diminue,
à mesure que le nombre des exemplaires imprimés et vendus
augmente, il est à désirer que le gouvernement prenne toutes
les mesures pour favoriser la presse agricole, puisque, plus il
la favorisera, plus on pourra propager l'instruction agricole
par ce moyen, et plus le prix des ouvrages d'agriculture dimi-
nuera. Car tout se tient : si les ouvrages d'agriculture sont
chers, c'est que, se vendant peu, on n'en imprime qu'un petit
nombre d'exemplaires, et leur prix élevé empêche de les

vendre, de les propager, de détruire l'ignorance. Si le gouvernement veut que l'agriculture entre rapidement dans la bonne voie, il faut absolument qu'il ait pour elle autre chose que de bons désirs : il faut qu'il lui accorde des priviléges. A défaut de l'initiative des grandes associations agricoles qui n'existent pas en France, il faut que le gouvernement prenne largement l'initiative pour y suppléer; l'initiative de quelques individus, de quelques comices, est tout à fait insuffisante. En Angleterre, l'agriculture est une industrie privilégiée par tout le monde, particuliers et gouvernement; en France, on ne la protège qu'en en parlant beaucoup, mais on s'arrête là. Nous ne pouvons pas compter plus de trois souverains, qui s'en soient occupés : Henry IV, Louis XVI et Napoléon Ier, et encore qui le sait pour ces deux derniers; qui, en France, même parmi les amis de l'agriculture, connaît le beau travail du projet de code rural Napoléon. Espérons qu'il sera donné au souverain qui préside aujourd'hui aux destinées de la France, de réaliser l'idée assurément la plus féconde des idées Napoléoniennes.

Quelques personnes, qui ne croient qu'à la valeur de l'exemple, pour propager les améliorations agricoles, sont peu favorables à la presse agricole. Ils craignent que cette presse ne soit plus nuisible qu'utile, en enseignant des théories hasardées, dont l'adoption induirait les cultivateurs dans l'erreur. Sans doute, l'exemple est un moyen puissant, qu'il faut multiplier le plus possible; rationnellement, ce devrait même être un moyen irrésistible; malheureusement l'expérience apprend qu'il n'en est pas ainsi. De plus, en agriculture, l'exemple n'est jamais à la portée de la masse des cultivateurs ; combien d'entre eux vont voir la ferme-école du département? La presse seule, la publicité fréquente et grande peuvent faire connaître les bons exemples, leur donner de la valeur. C'est à l'absence de publicité, que l'on doit la stérilité de tant de bons exemples donnés depuis longtemps en France, sur beaucoup de points, par de nombreux propriétaires-cultivateurs, par les fermes-écoles. D'ailleurs, lorsqu'il s'agit d'attaquer la routine agricole, il ne faut négliger aucun moyen d'action ; il ne faut surtout pas écarter celui qui se prête le mieux à préparer la voie aux autres, celui qui s'adresse le plus facilement au plus grand nombre de cultivateurs.

Quant à la crainte de voir la presse agricole enseigner des

théories dangereuses pour les praticiens, lors même que cela arriverait; pour dissiper toute inquiétude, nous pensons qu'il suffira de rappeler que les cultivateurs ne sont pas aventureux; que la nature de leur esprit n'est pas de se lancer avec enthousiasme dans les innovations agricoles. L'esprit de l'homme est naturellement routinier; il ne faut pas s'en plaindre, quoique ce soit un obstacle aux améliorations ; car si, au lieu d'être routinier, il était novateur, au point de se jeter à tort et à travers dans toutes les inovations, le mal produit par cet esprit serait certainement beaucoup plus grand, que celui qui vient de l'esprit contraire. Lors même donc que les journaux, les ouvrages d'agriculture enseigneraient quelques théories incertaines, ou fausses, cela ne préjudicierait en rien à la pratique de nos agriculteurs. Avec le temps qu'ils mettent à changer leurs habitudes pratiques, les théories incertaines ou fausses seraient confirmées, ou ruinées.

D'ailleurs, il y a des moyens, que nous indiquerons dans le chapitre suivant, de transmettre, avec prudence, les théories et les pratiques agricoles nouvelles ; de prémunir les agriculteurs contre les théories vaines ; de rectifier les pratiques fausses, qui tendraient à se répandre : c'est d'organiser les comices communaux, les lectures et conférences agricoles du Dimanche.

CHAPITRE VIII.

De l'association appliquée à l'agriculture.

Pour tous les hommes qui se préoccupent sérieusement, et sans prévention, des besoins de nos sociétés modernes, des remèdes à apporter à leurs divers maux, l'*association*, la *solidarité*, l'*assurance mutuelle*, ou, ce qui comprend tout, la *charité chrétienne* est toujours la formule à laquelle on arrive; c'est bien évidemment la dernière ancre de salut de la société.

L'empereur Napoléon III, qui a fait une étude approfondie de ces questions sociales, a dit :

« Il n'y a pas un seul de ces éléments divers du bien-être
» matériel (agriculture, industrie, commerce) qui ne soit miné

» en France par un vice organique. Tous les esprits indépen-
» dants le reconnaissent. Ils diffèrent seulement sur les remè-
» des à apporter. »

« AGRICULTURE. Il est avéré que l'extrême division de la
» propriété tend à la ruine de l'agriculture, et cependant le
» rétablissement du droit d'aînesse, qui maintenait la grande
» propriété et favorisait la grande culture, est une impossi-
» bilité. Il faut même nous féliciter, sous le point de vue
» politique, qu'il en soit ainsi. »

« Qu'y a-t-il donc à faire? Le voici. Notre loi égalitaire de
» la division de la propriété ruine l'agriculture; il faut remé-
» dier à cet inconvénient par une *association*, qui, employant
» tous les bras inoccupés, recrée la grande propriété et la
» grande culture, sans aucun désavantage pour nos principes
» politiques. »

« L'industrie appelle tous les jours les hommes dans les
» villes et les énerve; il faut *rappeler dans les campagnes*
» ceux qui sont de trop dans les villes, et retremper en plein
» air leur esprit et leur corps. »

« La classe ouvrière ne possède rien, il faut la rendre pro-
» priétaire. Elle n'a de richesse que ses bras, il faut donner à
» ces bras un emploi utile pour tous. Elle est comme un peuple
» d'ilotes au milieu d'un peuple de sybarites. Il faut lui donner
» une place dans la société, et *attacher ses intérêts à ceux du*
» *sol*. Enfin elle est sans *organisation* et sans liens, sans droits
» et sans avenir, il faut lui donner des droits et un avenir et la
» relever à ses propres yeux par l'*association*, l'*éducation*, la
» *discipline*. »

Depuis bien longtemps, nous avons cherché à propager toutes
les saines idées d'*association*, par tous les moyens, par nos
écrits, par nos actes, et nous les avons souvent mises en pratique avec succès, pendant que nous avons administré l'arrondissement de Fougères. C'est ainsi que, en 1833, pour organiser
la caisse d'épargne de Fougères, nous fîmes appel à l'*associa-*
tion; en 1835, après quelques essais partiels faits depuis 1830,
nous avons créé l'*association des communes* de l'arrondissement pour le service de la vicinalité, dont le bon état est de
première importance pour l'agriculture ; et, en 1844, l'association des propriétaires, des cultivateurs et des comices de l'arrondissement, pour la propagation des améliorations agricoles.

SECTION I.

Des conférences agricoles.

Répandre à profusion des ouvrages d'agriculture n'est pas tout, il faut encore les faire lire. A ce point de vue, il y a peut-être, dans l'enseignement par la parole, un moyen aussi puissant pour répandre l'instruction agricole, que celui de la presse ; ou du moins ce second moyen donne beaucoup de force au premier. Pour mieux dire, il faut que tous ces moyens soient réunis. Ils se portent un appui mutuel ; les journaux en pages et en affiche, les lectures à haute voix et les conférences agricoles du Dimanche excitent à lire les livres, qui *restent*, auxquels on peut *toujours* recourir ; mais, sans les livres répandus partout, ce que l'on écrit dans les journaux, ce que l'on dit dans les conférences, à peu de chose près, autant en emporte le vent.

En 1840 et 1841, nous avons, dans l'arrondissement de Fougères, fait l'essai de tous ces moyens. Après avoir répandu en très-grand nombre des ouvrages, des instructions sur l'agriculture, séparément et par la voie du journal *la Chronique de Fougères* ; après les avoir fait lire dans les écoles ; pour les faire lire aux adultes, nous organisâmes dans les communes des *conférences agricoles du Dimanche*, ou *comices communaux*. Ces conférences furent d'abord établies, en 1840, à la Selle-en-Coglais, canton de Saint-Brice, par les soins des pasteurs de la commune, MM. Gouillaud, qui avaient déjà organisé une école d'adultes du Dimanche (1), qui fut l'origine des conférences. Les connaissances agricoles sont aussi utiles aux femmes qu'aux hommes ; aussi M. de Gasparin a dit : « Nous ferions volontiers subir une variation au proverbe connu, et nous dirions : *Tant vaut la femme, tant vaut la terre.* » Il y eut également à la Selle, en 1841, des conférences agricoles pour les femmes ; elles n'eurent pas moins de succès que celles des hommes. Ces conférences eurent lieu, pendant plus ou moins de temps, avec des succès divers, dans quatorze com-

---

(1) Voir la note B sur les écoles du Dimanche, à la fin du volume.

munes ; elles existaient encore en 1844 à la Selle et à Poilley.

Dans ces conférences, auxquelles assistèrent parfois jusqu'à 200 personnes, le calendrier Dombasle, le manuel de M. Bodin, des journaux et autres ouvrages d'agriculture , que nous avions donnés à la Selle pour fonder la bibliothèque des comices communaux, furent lus, expliqués, discutés par les cultivateurs les plus intelligents, par les maires, les instituteurs, par le vétérinaire de l'arrondissement et d'autres personnes , par plusieurs ecclésiastiques, qui apportèrent à la propagation de l'instruction agricole, par ces conférences , un concours actif et bienveillant, pensant avec M. Gouillaud, qu'après s'être occupé du plus important, du salut des âmes , le temps passé le dimanche soir à ces conférences était mieux employé que de le passer au cabaret; que c'était un excellent moyen de retenir les jeunes gens , de les captiver , de les enlever aux influences trop souvent mauvaises des jours de repos.

M. le Ministre de l'agriculture, écrivant en 1841 à M. le Préfet d'Ille-et-Vilaine , Henry, appréciait comme il suit nos essais de cette institution nouvelle : « Je vous invite à remercier de ma part » M. Bertin, pour le zèle éclairé et actif avec lequel il s'occupe du » perfectionnement de l'industrie rurale, et surtout de la propa- » gation des connaissances agronomiques dans son arrondisse- » ment. Les lectures et conférences agricoles, qu'il est parvenu à » organiser dans différentes localités, ne manqueront pas de pro- » duire de bons effets , et on doit désirer de voir ce mode d'en- » seignement se répandre de plus en plus. »

M. le Ministre ne se trompait pas sur les bons effets que devaient produire ces conférences ; malheureusement, pour appuyer son opinion , son désir de voir ce mode d'enseignement se répandre de plus en plus, il n'accorda pas les secours pécuniaires, que M. Henry avait spontanément demandés, pour nous donner les moyens de développer cette institution , qui était en très-bonne voie. Déjà , le comice de la Selle avait une bibliothèque agricole de 55 volumes, une charrue Dombasle; les membres de plusieurs comices s'étaient associés pour acheter la *Maison rustique du 19e siècle*, le noir animal nécessaire à leur exploitation, le sulfate de soude pour le chaulage des grains; des professeurs ambulants d'agriculture s'étaient formés. Quelques encouragements auraient entretenu leur zèle, auraient excité à les imiter , mais nous ne pouvions faire face à tout. Toujours est-il que ces conférences produisirent l'effet que nous voulions, une *véritable agitation agricole* ; préparèrent les esprits à de nouveaux progrès ; atteignirent notre but, puisque nous pûmes, en 1844, organiser une association agricole de tout l'arrondissement ; des comices d'arrondissement ; une société d'agriculture ; réformer radicalement le mode de distribution des primes d'agriculture, ce que nous n'avions pu faire jusque-là.

On peut aujourd'hui signaler ces conférences à l'attention des amis de l'agriculture, avec d'autant plus de confiance qu'en 1853, le congrès scientifique de France, constatant le succès des leçons nomades d'agriculture, a recommandé le professorat agricole ambulant, comme un des moyens les plus puissants de répandre dans les campagnes de saines notions d'agriculture pratique. Des conférences agricoles communales bien organisées seraient encore bien autrement puissantes.

L'enseignement agricole, par la parole, se réduit à bien peu de chose en France, en-dehors des cours professés à Paris et dans les fermes-écoles. Des cours d'agriculture théorique, de chimie agricole, sont faits dans quelques départements, à Rennes, Rouen, Bordeaux, Toulouse, Nantes, Besançon, Quimper, Rhodez, Caen, Amiens, Nancy, Beauvais. Les leçons des savants professeurs de ces cours sont certainement très utiles ; mais ce qui est beaucoup plus utile, ce sont les conférences agricoles, que quelques-uns d'entre eux vont faire aux cultivateurs, en allant de canton à canton, remplissant un véritable apostolat agricole. C'est ce que font, depuis plusieurs années, MM. Bonnet, dans le Doubs ; Girardin, dans la Seine-Inférieure ; Petit-Lafitte, dans la Gironde ; Morière, dans le Calvados ; Gossin, dans l'Oise. « Ce qu'il faudrait, » disait (en 1848) M. Girardin, indépendamment des différentes » écoles d'agriculture, ce serait des conférences nomades dans » les campagnes, à peu près dans le genre de ce que fait M. le » professeur Bonnet. Il se passera de longues années, avant que » les bons effets de l'enseignement des écoles d'agriculture se » fassent sentir, si l'on n'entreprend rien pour secouer la torpeur, pour vaincre les habitudes routinières, pour dissiper » l'ignorance des populations actuelles des campagnes et des » citadins. »

On n'y parviendra qu'en organisant l'enseignement agricole dans les villes et les campagnes par des cours d'agriculture, et des sciences appliquées à l'agriculture dans les écoles de tous les degrés, de toutes les facultés, pour ceux qui peuvent aller suivre ces cours, et par des conférences agricoles communales et cantonales pour ceux, *en immense majorité,* qui ne peuvent plus aller à l'école et auxquels on ne pense pas assez. On ne saurait donc trop attirer l'attention des hommes éclairés et surtout celle des simples cultivateurs, qui ne peuvent plus aller à l'école, sur ce mode d'enseignement agricole SUR PLACE par les conférences, car il répond pour le présent et pour l'avenir à tous les désirs, à tous les besoins de l'agriculture.

« Il faut, dit M. de Gasparin, que l'instruction aille chercher
» à domicile la partie ignorante de la population de nos campa-
» gnes, et c'est ici que nous ne pouvons trop recommander une
» institution que l'on a regardée jusqu'ici avec trop de dédain :
» celle des professeurs ambulants, véritables missionnaires de
» l'agriculture. M. Bonnet a l'honneur de l'avoir établie le pre-
» mier dans le département du Doubs, et ses conférences, suivies
» avec empressement, ont porté la lumière dans les localités les
» plus obscures. Nous pensons qu'aucune école ne vaut une telle
» institution, pour l'instruction agricole de la France. C'est celle
» qui nous paraît la mieux indiquée par l'état de nos mœurs et
» celui de nos classes agricoles. »

Oui, mais pour que ces conférences portent des fruits abondants, il faut que chaque individu sachant lire, homme, femme, enfant, ait un livre d'agriculture qui lui *reste* entre les mains, sans quoi ces conférences ne produisent pas autant d'effet ; *les paroles s'oublient, les écrits restent.*

Dans la Seine-Inférieure, M. Girardin, chimiste habile, homme très-pratique, est, depuis 1849, chargé par le conseil général d'aller faire chaque année, dans les chefs-lieux de canton, des conférences agricoles publiques, annoncées d'avance. Il expose très-clairement et très-simplement les principes raisonnés, qui doivent diriger les opérations les plus importantes de la culture pratique, la disposition des étables, l'alimentation, l'entretien des bestiaux, la fabrication du cidre, la manipulation et l'emploi des engrais. Il demeure ainsi plusieurs jours dans chaque canton, accueilli avec empressement par les fermiers et les propriétaires, qui aiment sa personne, font leur profit de ses conseils et sont très-assidus à venir aux conférences. M. Girardin visite aussi les principales fermes, y prend ses exemples, fait, même sous les yeux des cultivateurs, des expériences chimiques à leur portée, qui leur montrent avec évidence les effets du bon aménagement ou de la détérioration de leurs engrais ; ce qui met la preuve au bout du précepte. Depuis que ces conférences sont établies , de nombreux cultivateurs ont rectifié leurs mauvaises pratiques d'aménagement des fumiers , et chaque localité réclame, longtemps d'avance, son tour de visite.

Le savant Biot, de l'académie des sciences , auquel nous empruntons ces détails , ajoute : « Le conseil général doit trouver » l'affaire bonne ; il place son argent à un fort denier ; il n'y au- » rait qu'à souhaiter de voir se multiplier des institutions pa- » reilles. »

En parcourant les programmes des primes des comités du Calvados et de la Seine-Inférieure, on y reconnaît très-bien l'influence des conférences agricoles. Dans ces départements, on ne se borne plus à donner des primes aux plus beaux bestiaux : pour la race bovine, on exige les qualités laitières ; on y lit : Primes aux constructions rurales appropriées à la fabrication , à la conservation des engrais liquides , à l'aménagement des fumiers ; à ceux qui font la plus grande quantité du meilleur fumier ; à l'emploi des tourteaux de colza comme fumier , de la gadoue ou engrais flamand (excréments humains) ; aux exploitations les mieux tenues et présentant , eu égard à leur étendue , le plus grand poids en bestiaux , etc.

Il est bien à désirer que le nombre des conférences cantonnales se multiplie, et on ne saurait trop engager les conseils généraux à voter les allocations nécessaires, pour que des professeurs ambulants d'agriculture parcourent chaque arrondissement , ou au moins chaque département. Nous disons chaque arrondissement, quand cela sera possible ; car , avec le nombre des cantons qui existent dans un département, il se passera bien des années avant qu'ils aient vu le professeur ambulant. Ces conférences cantonnales sont et seront toujours très-utiles, mais elles reviendront bien rarement dans chaque canton ; de plus, elles seront toujours très-éloignées de la masse des cultivateurs, un très-petit nombre pourront en profiter, ce qui sans doute vaut toujours mieux que rien. Il faudrait donc pouvoir faire descendre l'enseignement agricole par la parole au dernier degré de la circonscription administrative, à la commune ; l'avoir *sur place*, en organisant ce que nous avons appelé *les conférences agricoles communales du Dimanche* ou les *comices communaux*. Mais, pour arriver

à une organisation un peu stable de ces conférences, il devrait
exister dans chaque circonscription de commune, de canton,
d'arrondissement, des comices hiérarchisés, dans le genre de
ceux que nous avons proposés dans un petit écrit, où nous avons
formulé, apprécié l'organisation des conférences agricoles, des
comices communaux et cantonnaux, et que nous avons publié en
1844, lorsque nous avons fondé l'*association agricole des comices* de l'arrondissement de Fougères, dont voici les statuts.
Mais, nous le répétons, nous croyons qu'une des conditions de
succès de ces conférences est de commencer par mettre, s'il est
possible, un livre d'agriculture entre les mains de chaque individu sachant lire, homme, femme, enfant, ou du moins dans
chaque ménage, et de placarder d'une manière *permanente* des
journaux, des instructions-affiches.

Section II.

Statuts de l'association agricole des propriétaires-cultiva-
teurs et comices de Fougères.

ART. 1er. — L'association agricole de l'arrondissement de
Fougères est formée par toutes les personnes qui, *chaque année,*
consentent à payer une des cotisations fixées par les statuts. —
Toutes ces personnes sont membres du comice agricole de
l'arrondissement.

ART. 2. — Le comice se compose : des membres FONDA-
TEURS du comice, qui paient la cotisation de 15 fr. ; des membres de la SOCIÉTÉ D'AGRICULTURE, qui paient celle de 10 fr. ;
des membres PROTECTEURS du comice, qui paient celle de 5 fr. ;
des membres associés du comice, qui paient celle de 2 fr. Le
nombre des membres de chaque catégorie est illimité.

ART. 3. — L'association a pour but de développer tous les
éléments de prospérité agricole, qui existent dans l'arrondissement. — Les obligations générales des membres de l'association sont de faire augmenter le plus possible le nombre des
associés ; de faire tous leurs efforts pour favoriser la propagation de ce qui peut améliorer l'industrie agricole de l'arrondissement.

ART 4. — Les fonds provenant des cotisations, des dons du

gouvernement, du département, des communes, des particuliers, sont employés, suivant les ressources de l'association et
les besoins reconnus de l'agriculture de l'arrondissement, à
donner des récompenses à tout ce qui mérite être encouragé
en agriculture. — Ils sont aussi employés à acheter des
graines, des ouvrages, des journaux, des instruments, des
bestiaux et tous autres objets propres à remplir le but de l'association.

ART. 5. — Les membres de l'association peuvent seuls
concourir pour les primes, qui seront établies. Tous les associés jouiront des autres avantages, que l'association pourra
procurer à ses membres.

Des comices.

ART. 6. — L'organisation de l'association comporte des réunions *irrégulières* et des réunions *régulières* ; des comices et
des comités d'arrondissement, de canton, de commune. — Les
comices sont les réunions de tous les membres de l'association,
qui ont lieu tous les huit jours, *le dimanche*, dans chaque
commune ; le jour du principal marché dans les chefs-lieux de
canton et d'arrondissement. — Ces comices ont pour but d'offrir aux membres de l'association un centre de conférences ou
de *causeries agricoles*, à lieu, à heures et à jours fixes. Une
fois par mois, le dernier dimanche ou le dernier jour du marché du mois, il y a une séance *régulière*, dans laquelle se font
les communications officielles, la lecture des rapports, des journaux, des ouvrages, des instructions d'agriculture, les explications, les analyses de ces journaux, ouvrages, instructions,
toutes communications importantes. Cette séance est dirigée
par un des membres du comité communal, désigné par le
comité d'arrondissement.

Comice d'arrondissement. — Comité d'arrondissement ou société d'agriculture.

ART. 7. — Le comice d'arrondissement est formé par tous
les membres de l'association agricole. — Les membres de
l'association qui paient la cotisation de 15 et de 10 fr. forment
la société d'agriculture, qui est partagée en trois sections :

Première, agriculture proprement dite, animaux domestiques; *Deuxième*, horticulture, arboriculture ; *Troisième*, arts agricoles, hygiène, administration, législation, statistique. La société d'agriculture est le comité de l'association, elle en dirige toutes les opérations, prend toutes les décisions, fait tous les règlements qu'elle croit utiles à son succès. Elle est juge des concours, pour les primes d'arrondissement.

Comices et comités communaux.

Art. 8. — Le comice communal est formé par la réunion de tous les membres de l'association, qui résident dans la commune. — Il y a pour chaque comice communal un comité composé d'un nombre de membres fixé par la société d'agriculture, et dont le maire, le curé, l'instituteur sont membres de droit, volontaires ou honoraires. Le comice communal choisit, parmi ses membres, ceux qui doivent faire partie du comité communal.—Si la société d'agriculture le juge nécessaire, elle pourra nommer un ou deux membres du comité communal, pris parmi tous les membres de l'association de l'arrondissement; ces membres seront en plus de ceux nommés par le comice communal.

Art. 9. — Le comité communal est spécialement chargé de veiller à tous les besoins, à tous les intérêts de l'agriculture de la commune. Il recherche et fait connaître aux comités d'arrondissement et de canton, au comice communal, tous les essais tentés, toutes les améliorations réalisées dans la commune, et tous autres faits agricoles dignes d'attention. Il organise, dirige, encourage les réunions du comice communal, cherche à faire entrer dans l'association tous les cultivateurs de la commune et à les faire s'associer pour fonder une bibliothèque agricole, communale, dont il a la conservation. Il veille à ce que tous les enfants des écoles de garçons et de filles aient, pour livre de lecture, des livres élémentaires d'agriculture ; à ce que les maîtres les fassent lire et apprendre en partie de mémoire aux enfants. Il donne à l'autorité, à la société d'agriculture, tous les renseignements de *statistique agricole* et autres, concernant l'agriculture. Il veille à la tenue du registre des observations sur le temps et sur son influence sur les récoltes. Il recueille les cotisations annuelles de l'association, donne son avis sur les déclarations faites dans la commune pour les concours d'agriculture, proclame et remet, en présence du comice communal, les primes décernées dans les différents concours aux agriculteurs de la commune. Il fait la répartition des différents objets qui peuvent être envoyés dans chaque commune pour être distribués, et émet des vœux sur les intérêts généraux et particuliers de la commune, en ce qui concerne l'agriculture.

Comice et comité cantonnal.

Art. 10. — Le comice cantonnal se compose de tous les membres qui résident dans le canton. — La société d'agriculture fixe le nombre des membres du comité cantonnal, que chaque commune doit avoir, et qui est au moins de deux. L'un est choisi par le comité communal, l'autre par la société d'agriculture.

Art. 11. — Le comité cantonnal propose, en se conformant aux instructions qu'il reçoit de la société d'agriculture, les programmes des concours cantonnaux, dont il est juge. Il fait à la société d'agriculture un rapport trimestriel sur l'état des récoltes du canton, il répond aux questions qui lui sont posées par cette société.

Les statuts de l'organisation générale des comices que nous venons de rapporter ne sont qu'un cadre, qui peut et doit varier avec les localités. En bonne administration, dans beaucoup de cas, une organisation *uniforme* est un très-grand mal : pour que le bien se fasse partout, il faut savoir varier la forme, souvent même le fond de l'organisation, suivant les besoins. Ainsi ce que nous proposons, très-bon avec un comice d'arrondissement actif et intelligent, là où les comices cantonnaux fonctionnent mal, serait moins bon si le comice d'arrondissement était indolent et peu éclairé ; et serait très-mauvais si les comices cantonnaux étaient aussi ou plus éclairés et zélés que le comice d'arrondissement. Dans ce dernier cas, c'est le comice cantonnal qui doit être la société d'agriculture du canton, le centre de direction des comices communaux du canton, et ce sera un grand bien, car plus le centre de direction sera rapproché des points qui sont à diriger, plus son action utile se fera sentir.

SECTION III.

Des comices communaux, des conférences gricoles du Dimanche.

Ce qui prouve que nous étions dans la bonne voie, c'est que des institutions analogues à celles que nous avons établies en 1841 et que nous formulions en 1844, fonctionnent avec succès, comme nous l'avons dit, en Angleterre, en Irlande, en Ecosse, dans quelques départements de la France. Dans le département de l'Orne, arrondissement d'Argentan, M. de Vigneral a aussi fondé, en 1848, le cercle agricole de Putanges; en 1853, M. Chatel a également fondé le comice cantonnal de Aunay-sur-Odon (Calvados). Ces comices ont des conférences agricoles plus ou moins fréquentes.

Depuis 1843 surtout, de nombreux congrès d'agriculture ont eu lieu dans les provinces et à Paris; ces grandes réunions d'agriculteurs ont été les premières réalisations d'un besoin, qui se manifeste de plus en plus parmi les cultivateurs, à mesure qu'un plus grand nombre d'hommes instruits portent leur attention vers l'agriculture, que l'instruction pénètre dans les campagnes, que l'amélioration de la viabilité agricole, mettant fin à l'isolement dans lequel les laboureurs étaient obligés de vivre, permet à l'agriculture de s'élever au rang d'une grande industrie.

C'est déjà beaucoup d'avoir réduit le nombre de ces barrières infranchissables, de ces chemins, impraticables presque toute l'année, qui, forçant pour ainsi dire le producteur à consommer lui-même ses produits, lui ôtaient toute idée de chercher à augmenter une production, qu'il avait tant de peine à faire parvenir sur le lieu du marché. Mais on n'a encore rien fait de général pour détruire *l'isolement intellectuel* des cultivateurs.

Cependant chaque jour on voit et on verra augmenter le nombre des propriétaires, qui, comprenant l'importance de l'agriculture, s'intéressent activement à ses progrès, et, ce qui n'est pas moins important, les laboureurs, quand ils ont des ouvrages d'agriculture entre les mains les lisent, font des essais, joignent la théorie à la pratique, sentent le besoin de se connaître, de se voir, pour s'éclairer mutuellement, pour se communiquer les résultats de leurs essais, leurs projets d'amélioration. Obligés de lutter contre le mauvais vouloir, la jalousie des routiniers, ils désirent pouvoir se compter, puiser une nouvelle puissance de résistance à la routine, dans les convictions de ceux qui, comme eux, ont eu assez d'intelligence, de force de caractère, pour rompre avec d'anciennes habitudes, pour persister dans la voie nouvelle, souvent malgré quelques premiers insuccès.

Les comices agricoles communaux répondraient à tous ces besoins, que n'ont pu jusqu'ici satisfaire nos autres institutions agricoles. Si ces institutions n'ont pas toujours produit les résultats que l'on était en droit d'en attendre, ce n'est souvent ni la faute des hommes, ni celle des institutions en elles-mêmes; cela tient, surtout, à ce que ces institutions, étant placées trop *loin* de ceux sur lesquels elles doivent agir, leur action, qui n'est ordinairement qu'*annuelle*, ne se faisant sentir qu'à une faible distance, ne rapprochant pas assez souvent les cultivateurs, ne peut détruire chez eux l'*isolement intellectuel*, une des principales causes de la lenteur des progrès de l'agriculture; isolement intellectuel, qui n'existe pas en Angleterre, précisément parce que les cultivateurs tiennent de fréquentes réunions, où ils se communiquent leurs réflexions, leurs expériences. Aussi, en France, il y a des sociétés d'agriculture, des comices entièrement inconnus des cultivateurs et des propriétaires, sans influence sur la propagation des améliorations agricoles, et qui croient remplir leur mission en se réunissant *une fois par an*, pour distribuer des primes, devant une centaine de laboureurs, sur une population de 100 mille âmes.

Il nous semble qu'il n'en serait pas de même do comices agricoles communaux du Dimanche, bien organisés. Ces réunions de famille seraient, pour les habitants de chaque commune et des communes voisines, une cause de ralliement, qui ne pourrait avoir que d'heureuses influences. Le maire, le curé, l'instituteur, les propriétaires éclairés, favorisés de la fortune, qui comprendraient leur mission, trouveraient dans ces réunions l'occasion d'agir efficacement suivant leur position et pour le bien de tous. Les saines idées de solidarité et d'association se développeraient peu à peu dans ces réunions. On s'y associerait pour créer des bibliothèques agricoles communales, pour avoir en commun un journal d'agriculture, des machines à battre et autres instruments, pour avoir un taureau communal, pour acheter en gros, avec économie et plus de garantie, des engrais, des graines, divers autres objets; pour la production en commun; la réparation, la destruction de divers objets utiles ou nuisibles, etc. Quelques opérations de ce genre ont eu lieu à la Selle et à Poilley, où les conférences ont eu le plus de succès, preuve de la valeur de ces conférences.

Sans doute, il ne serait pas facile de généraliser de suite l'organisation des comices que nous proposons, d'obtenir que tous les comices et comités fonctionnassent bien et même fonctionnassent. Comme pour la réalisation de toutes les améliorations, il faut du temps, de la patience : le bien ne s'improvise pas, il y a commencement à tout, mais il faut commencer, essayer. En mécanique administrative, il n'est pas nécessaire que tous les rouages fonctionnent, pour faire marcher la machine ; mais sa puissance, d'abord faible, grandit à mesure qu'un rouage de plus vient à engrener, entre dans le mouvement général. On arrive même plus facilement au succès, en ne mettant en mouvement et n'engrenant que successivement les différents rouages d'une organisation administrative. Pour réussir, le développement de l'organisation agricole, que nous proposons, devrait suivre cette marche, qui sera d'autant plus lente, que l'on ne peut, ici, user de moyens coercitifs, dont l'emploi est souvent nécessaire, même pour faire le bien.

Mais une fois que l'on possède un cadre d'organisation, un plan général, on a un but connu à atteindre : c'est de réaliser successivement le plan général, de remplir le cadre d'organisation. Ici, on sait que les efforts doivent tendre à organiser, d'abord sur différents points d'un arrondissement, quelques comices et comités ; à faire bien fonctionner les premiers, que l'on parviendra à organiser. Voilà un but d'activité, le tout est de commencer ; et, une fois les premiers éléments de ces conférences agricoles établis, il n'y a qu'à les développer peu à peu, suivant les circonstances. Mais il faut avant tout trouver, ou former au chef-lieu d'arrondissement un centre d'excitation, de direction, homme ou société, qui prenne la chose à cœur ; créer un instrument de publicité agricole, un journal. C'est le point de départ, le temps fera le reste.

Il faut ensuite donner la vie à toutes ces réunions, les tenir en haleine, entretenir l'agitation agricole. L'abonnement au journal local d'agriculture ; aux différents journaux du même genre ; l'achat d'ouvrages d'agriculture, qui seront la propriété commune de chaque association communale ; la lecture, l'explication, la discution, l'analyse de ces journaux, de ces ouvrages dans les réunions ; la recherche des documents statistiques, la tenue du registre du temps et de ses influences sur les récoltes, ne sont-ce pas là déjà des sources incessantes d'activité pour ces comices.

Nous avons souvent dit que la publicité manquait aux choses de l'agriculture ; avec les conférences agricoles du Dimanche, cette lacune serait entièrement comblée. Quand le gouvernement, les administrateurs, les sociétés d'agriculture, voudraient répandre quelques instructions utiles, ils seraient du moins assurés que leurs soins ne seront pas tout-à-fait perdus, que leurs instructions seront connues ; tandis que, aujourd'hui, toutes celles qu'ils répandent sont lettres mortes. En 1852, **M.** le Ministre de l'agriculture a demandé, à la société d'agriculture de Paris, une instruction pratique sur le chaulage des grains, qui a été rédigée par **M. Payen** ; combien de laboureurs ont eu connaissance de cette instruction et l'ont mise en pratique ? Pas un sur 100 mille.

Avec le temps, l'émulation s'établirait entre les communes, à l'égard des conférences agricoles ; il y aurait honte pour les communes qui n'auraient pas de comice ; honte pour les comices et comités qui fonctionneraient mal ; gloire et toujours profit pour ceux qui créeraient, qui adopteraient les premiers quelques améliorations. Avec ces bureaux de nouvelles agricoles, ces différents centres d'activité, de publicité, on parviendrait à exciter l'attention des cultivateurs, à produire l'agitation agricole, et c'est déjà beaucoup, si ce n'est pas tout.

Rien n'est plus facile à mettre en arrêté que cette organisation générale des conférences agricoles communales du Dimanche ; mais il ne faut pas se dissimuler que, d'abord et longtemps, beaucoup de ces comices fonctionneront souvent très mal ou pas du tout. S'ils marchent d'abord et longtemps dans quelques communes, c'est qu'il s'y trouvera des hommes dévoués : ce sont encore de rares exceptions, que l'on ne peut improviser ; mais avec du temps, des efforts, de la ténacité, l'aide du gouvernement, on ferait naître ces hommes dévoués. Il serait sans doute impossible d'avoir de suite, dans toutes les communes, un bon directeur de ces conférences agricoles ; mais, avec le temps, il s'en formerait ; les comices qui en manqueraient en trouveraient dans les communes voisines. La généreuse ambition de communiquer aux autres les connaissances que l'on a péniblement acquises créerait des professeurs ambulants. Ces pérégrinations de professeurs d'agriculture, de comices à comices, seraient même un puissant moyen d'émulation pour les professeurs, pour les comices.

Le nombre des élèves qui sortiront des écoles d'agriculture va augmenter chaque année. Ne sont-ils pas les directeurs naturels de ces conférences ? Ils ont reçu gratuitement leur instruction agricole, serait-ce trop exiger d'eux, de leur demander de diriger au moins une fois par mois les conférences de leur commune, ou celles des communes voisines ? Le zèle, la rivalité des professeurs, des communes, finiraient par généraliser les conférences, par les rendre plus fréquentes.

Aujourd'hui, les communications sont faciles et rapides ; pourquoi les professeurs des fermes-écoles, des agronomes, n'iraient-ils pas, dans quelques communes voisines de leurs résidences, diriger de temps en temps les conférences agricoles. Dans tous les arrondissements, il y a des vétérinaires, qui reçoivent un traitement de l'administration, qui pourrait être augmenté, et d'autres vétérinaires non salariés. Pourquoi ces hommes instruits dans leur art, souvent même en agriculture, n'iraient-ils pas, à ces conférences, donner aux cultivateurs quelques enseignements généraux sur l'hygiène, l'élevage, l'amélioration des bestiaux? Le contact du vétérinaire avec les laboureurs serait d'ailleurs loin de lui être préjudiciable. N'est-il pas de l'intérêt des vétérinaires de voir les laboureurs s'éclairer, les races de bestiaux s'améliorer ? Plus les bestiaux auront de valeur, moins l'agriculteur hésitera à appeler pour les soigner le vétérinaire, dont il aura été à même d'apprécier les connaissances en agriculture. Il y a aujourd'hui dans les campagnes et dans les villes beaucoup de médecins, de pharmaciens éclairés, ayant des connaissances en chimie, en hygiène publique ; ils pourraient dans les conférences donner aux cultivateurs de bons enseignements sur la tenue des étables et des fumiers.

Toutes ces vues ne sont nullement théoriques, tout ceci n'est pas une utopie, ou du moins c'est une utopie qui a marché de

1841 à 1844, il y a déjà 14 ans. L'attention n'était pas alors portée vers l'agriculture, comme elle l'est aujourd'hui. Quoiqu'il reste encore beaucoup à faire, les choses ont bien marché depuis, pas cependant autant qu'on pourrait le penser. Pour organiser ces conférences, on trouverait maintenant bien des obstacles de moins, que nous avons dû vaincre ; bien des éléments de succès, des appuis nombreux, qui nous ont manqué ; et nous sommes convaincu que si, dans les conditions actuelles et dans celles où nous nous trouvions en 1841, si nous avions à recommencer notre tentative, elle réussirait complètement. On comprend facilement que les conférences que nous avions établies en 1841, ne se rattachant pas à une organisation générale bien arrêtée, étant sans lien forcé entre elles, ne pouvant être soutenues que par nos seuls efforts, tout-à-fait insuffisants sous tous les rapports, il était bien difficile que cette institution, qui n'était qu'un essai, durât longtemps et se propageât d'une manière générale. Mais on conçoit ce qu'elle pourrait devenir dans des conditions plus favorables ; ce qu'elle fût même devenue, si on nous eût donné les moyens d'accorder des frais de déplacement, des récompenses aux vétérinaires de l'arrondissement, à quelques jeunes gens, qui avaient pris la chose à cœur ; de donner des abonnements de journaux agricoles ; de fonder des bibliothèques agricoles : comme nous avions commencé à le faire. M. le Ministre de l'agriculture ne nous fit connaître que sa satisfaction et ses bons désirs, à l'égard de cette nouvelle institution : ce n'était pas assez pour la soutenir.

SECTION IV.

De l'association des comices agricoles par arrondissement.

En 1847, à tous les éléments de progrès agricole, qui existaient dans l'arrondissement de Fougères, était venu s'en joindre un autre, bien plus puissant que toutes les primes. L'amélioration des grandes routes, des chemins vicinaux, permettait d'aborder facilement, en toute saison, aux grèves inépuisables, où l'on prend les sables calcaires dela mer, et surtout aux fours à chaux de diverses localités. Le chaulage, le tangage des céréales, des prairies artificielles cultivées par tout, des prairies naturelles, étaient devenus une opération vulgaire de la culture. La récolte des grains, des fourrages naturels et artificiels, avait augmenté en quantité et en qualité. Les races de bestiaux s'étaient améliorées, le nombre des bestiaux de toute espèce s'était accru dans une haute proportion. Tous les concurrents pour les primes de culture se trouvaient à peu près sur la même ligne : ils entretenaient au moins une tête de bétail par hectare. Il y avait, sans doute, encore bien des améliorations à apporter aux cultures ; cependant l'impulsion était donnée, on pouvait supprimer au moins momentanément les primes pour la culture, afin de ne pas trop diviser les ressources, et de pouvoir créer des primes de 400 et 600 fr., pouvant s'élever à 1,000 fr., pour encourager l'introduction d'étalons, plus capables que ceux du pays d'améliorer l'espèce chevaline. C'est ce que nous avons pu faire, grâce à la puissance que nous donnait l'association des comices, des propriétaires et des laboureurs.

Mais à partir de 1848, ayant quitté le pays, un esprit, très-bien intentionné sans doute, mais très-différent de celui qui nous avait guidé et si bien servi, a présidé à la direction des comices. Au lieu de concentrer les fonds, pour pouvoir donner des primes toujours de plus en plus importantes, capables de provoquer de nouvelles améliorations ; au lieu de diminuer le nombre des comices, on l'a augmenté ; ce qui a nécessité l'éparpillement des fonds, la diminution du taux et du nombre des primes, ce qui a entravé la liberté de la société d'agriculture dans la disposition de ses fonds ; éloigné le moment de la réalisation de plusieurs améliorations. On a conservé le comice général de Fougères, on a rétabli les six comices cantonaux, sept au lieu de deux qui devraient exister, et cela sans augmenter le fonds des primes à distribuer. Aussi chaque année l'importance des primes diminue, leur répartition est amoindrie. En 1852 et 1853, les mêmes sommes ont été distribuées ; comparons les deux distributions :

| Nombre de primes distribuées en | | Montant des |
1852 :	1853 :	primes :
1	0	de 150 fr.
1	0	de 125
5	2	de 100
4	3	de 80
2	0	de 70
5	8	de 60
5	3	de 50
1	6	de 40
4	4	de 30

Evidemment le concours a baissé, il n'y a pas progrès, et, de plus, c'est de l'argent perdu. Il n'y a que de fortes primes qui soient un appât assez puissant pour attirer l'attention, provoquer des améliorations réelles, pour permettre aux comices de se montrer exigeants. Les faibles primes encouragent ce qui est et non ce qui devrait être. Il vaut beaucoup mieux ne pas donner de primes, pendant un à deux ans, que d'en donner d'insuffisantes pour amener des améliorations. Il vaut mieux placer son argent avec profit, ou le garder, que de le perdre; et, en matière de primes, c'est le perdre que de le donner pour une chose qui n'est pas mieux que ce qui existe généralement.

En 1851, M. Legall, président de la société d'agriculture de Rennes, « en souhaitant à celle de Fougères, à laquelle se » rattachent six comices cantonnaux, de devenir une institution » *modèle*, a fait remarquer, avec beaucoup de raison, qu'une » pareille *association* comporte avec elle des avantages, qui » ne manqueront pas d'être appréciés. »

Oui, sans doute; mais il eût fallu ajouter, à la condition que l'on reviendra aux principes d'*association*, de centralisation, qui nous ont guidé en 1844, lorsque nous avons fondé la société d'agriculture de Fougères et l'association agricole des comices, principes qui ont fait le succès de cette association. Nous avons laissé à la société d'agriculture de Fougères un instrument puissant... si elle sait s'en servir? Mais, avec la marche qu'elle a suivie et qu'elle suit, nous craignons bien de pouvoir lui demander un jour : *Caïn, qu'as-tu fait de ton frère !*

Nous ne prétendons nullement que l'agriculture ne fasse plus de progrès dans l'arrondissement de Fougères, parce que l'on a abandonné nos idées ; les faits seraient contre nous (1) ; mais qu'on ne s'y trompe pas, ces faits peuvent être une coïncidence et non un effet. Le temps est pour beaucoup dans les progrès agricoles ; une fois l'élan donné, les choses marchent fort bien sans les comices, et même malgré eux. Des primes données avec intelligence peuvent provoquer, hâter le progrès ; ce n'est pas toujours nécessaire : on cultive très-bien dans les Flandres, depuis des siècles, bien avant que l'on connût les primes d'agriculture.

M. Anjuère, secrétaire de la société d'agriculture de Fougères, en rendant compte du concours départemental de 1851, a rappelé, en vain, comme le prouve le concours de 1853, l'attention du public et de la société d'agriculture sur les bons effets du système des primes fortes, que nous avions fait adopter, et l'impuissance des faibles primes ; il a conclu en disant : « *Ne divisons pas nos ressources, établissons les plus fortes primes possibles, et notre œuvre deviendra de plus en plus frappante.* » Et il a cité un fait qui devrait éclairer tous les esprits. Pendant plusieurs années, faute de ressources suffisantes, la société d'agriculture n'a pu acheter, qu'en 1853, un taureau Durham. Si elle avait eu à sa disposition les 1,600 fr. qu'elle distribue chaque année à cinq comices, à peu près en pure perte, non seulement elle aurait eu un taureau Durham en 1849, mais aujourd'hui elle pourrait en posséder plusieurs, placés dans divers cantons ; elle jouirait déjà des avantages de l'introduction du sang durham, dont les Manceaux se trouvent si bien. Voilà la différence entre les effets fructueux, produits par la centralisation, l'*association* des fonds, et les effets presque négatifs que donnent leur division et leur éparpillement. Associez donc les comices.

---

(1) Parmi les améliorations principales nouvelles, il faut citer la culture des carottes à collet vert, celle du ray-grass et du trèfle mêlé de ray-grass, qui se sont généralisées. L'introduction de ces deux cultures dans l'arrondissement est due à un de nos fermiers, M. Royer, à la Baudouinais, en Saint-Georges.

Section V.

De l'association des communes, pour la confection et l'entretien des chemins vicinaux.

« En couvrant, disait en 1854 M. de Lavergne, de plantes
» fourragères et de racines la moitié du sol cultivé, on aug-
» mente en même temps les produits animaux et végétaux ; en
» pratiquant ce système en grand, les Anglais produisent, à
» surface égale, une fois plus de céréales et quatre fois plus de
» viande que nous. Il y a bien des moyens pour arriver à ce
» but, mais, avant tout, il y a le perfectionnement des voies de
» communication, la facilité, le bon marché des transports.
» Tous les autres moyens sont de puissants instruments de pro-
» grès ; ils n'en sont pas le principe ; le principe, c'est le dé-
» bouché : sans cela, rien de possible ; avec cela, tout arrive
» nécessairement. Les débouchés, voilà le grand, le plus puis-
» sant intérêt de notre agriculture ; les procédés à suivre pour
» augmenter la production ne viennent qu'après. A mesure que
» les chemins de fer s'étendent, tout enchérit dans le pays, ce
» qui améliore la condition du producteur et prépare les ri-
» chesses de l'avenir. »

« La loi, a dit Mathieu de Dombasle, qui a donné une si
» grande impulsion à la réparation des chemins vicinaux, exer-
» cera plus d'influence sur l'avenir de notre agriculture, que
» ne pourront jamais le faire les comices et les institutions
» agricoles. »

Les chiffres suivants, mieux que tous les raisonnements,
viennent à l'appui des paroles des deux maîtres, que nous venons de citer ; prouvent que nous avons eu tout-à-fait raison
d'insister, comme nous l'avons fait depuis longtemps, sur l'a-
mélioration de la viabilité rurale, et combien il importe de tenir
plus que jamais à ce que les voies rurales et agricoles de toute
nature, de tous les degrés, soient augmentées, mises et mainte-
nues dans un bon état d'entretien.

Le transport d'une tonne de 1000 k. de marchandises pour

un kilomètre de parcours coûte, en moyenne :

Sur un chemin boueux, rempli d'ornières.   0 fr. 80
Sur une bonne route empierrrée.   0   30
Sur un chemin de fer.   0   10
Sur un canal ou une rivière.   0   06

Malgré ces paroles et ces chiffres, il est cependant douteux que l'on ait encore bien compris la valeur de la viabilité agricole. Aujourd'hui surtout, les chemins de fer préoccupent tous les esprits : on leur sacrifie les chemins vicinaux, ruraux, les voies navigables. On a engagé un capital de plusieurs milliards pour les chemins de fer, principalement destinés au transport rapide de quelques millions d'habitants, de denrées manufacturières, de quelques denrées agricoles. On emploie à peine 70 millions par an pour les chemins vicinaux et ruraux, qui servent à chaque instant à 29 millions d'habitants des campagnes et aux transports si variés, si multipliés de la production agricole. Cependant, que seront les chemins de fer tant que la viabilité agricole n'existera pas, tant que la production agricole ne sera pas développée dans les plus hautes proportions? Ils transporteront plus vite tout ce que nous avons de richesse sociale, mais ils n'augmenteront que bien peu la véritable richesse sociale, la richesse agricole, la prospérité agricole, sans lesquelles il n'y a pas de prospérité générale possible.

Les chemins de fer sont en effet moins utiles à l'agriculture qu'on ne le pense. Les matières que l'agriculture a besoin de transporter sont ou encombrantes, ou très-pesantes, ou de peu de valeur (engrais, amendements, fourrages, grains et tout ce qui est nécessaire pour fabriquer le fer, ce métal si essentiellement agricole); excepté les bêtes de boucherie, ces matières ont bien plus besoin d'être transportées à *très-bas prix* que *rapidement*, et elles doivent arriver partout où n'arriveront jamais les chemins de fer. Les véritables voies de transport de l'agriculture sont les chemins ruraux et vicinaux et aussi les voies navigables, dont on apprécierait mieux la valeur, si la navigation était libre de tous droits, comme l'est la circulation sur les routes de terre. Les voies navigables, ces chemins qui marchent, seront toujours les voies de communication les plus simples, les plus naturelles, les plus économiques pour le transport des matières pesantes, encombrantes, de peu de valeur, et on doit désirer de voir rendre tous les cours d'eau à leur destina-

tion providentielle, l'irrigation et la navigation ; de voir la circulation sur ces voies navigables entièrement libre de droits.

Perfectionner les moyens de communication de l'agriculture,
améliorer les voies navigables, les chemins ruraux, vicinaux,
c'est rapprocher les consommateurs des producteurs, réduire
les frais de transport de 60 pour 100, sur les chemins de terre,
et augmenter les débouchés. La viabilité est la clef de voûte
de tout l'édifice agricole, c'est la pompe aspirante et foulante ;
la viabilité provoque la production et elle l'écoule ; sans elle,
à quoi bon produire ? Sans débouchés, les produits restent ; avec
des débouchés, ils s'en vont ; il faut en produire d'autres pour
les remplacer, et toujours de même.

Il y a vingt-cinq ans, dans l'arrondissement de Fougères,
nous avons commencé à mettre toutes ces idées en pratique
avec succès. La viabilité rurale étant à nos yeux un des plus
puissants instruments de perfectionnement de l'agriculture, dès
1830 nous y donnâmes tous nos soins. C'était alors à peu près
le seul moyen qu'eût un administrateur de s'occuper des intérêts
agricoles. En 1846 et 1853, nous avons exposé, dans un ouvrage
sur Fougères et dans une brochure sur les chemins vicinaux
(1), le système nouveau que nous avons suivi pour l'administration de la vicinalité, système qui a doté un arrondissement
de 82,000 habitants et de 100,000 hectares, d'un réseau de
chemins de 120 lieues, toujours à l'état d'entretien et sans avoir
recours à aucune imposition extraordinaire. Nous croyons plus
que jamais qu'il serait utile de généraliser le mécanisme administratif, que nous avons créé pour le service si important de la
vicinalité, mécanisme qui a déjà reçu l'approbation des hommes
compétents, la consécration du temps, la sanction de l'expérience et du succès. Mais notre système sort un peu des habitudes, des formes suivies par l'administration française, qui a
de la peine à abandonner les anciens errements, et il n'a été
adopté qu'en partie dans quelques départements, parce qu'on
ne connaît pas, ou qu'on n'a pas bien compris les différents
rouages qui le composent.

Nous croyons généralement que l'administration française est

---

(1) *Statistique de l'arrondissement de Fougères*, à Fougères, chez
Mlle Tréhet ; — *Des Chemins Vicinaux*, à la **Librairie Agricole**, rue
Jacob, 26, à **Paris**.

une chose parfaite, merveilleuse : c'est une grande erreur, rien n'est au contraire plus imparfait. Notre assertion doit paraître bien téméraire, mais nous parlons avec connaissance de cause. Nous avons administré l'arrondissement de Fougères pendant dix-huit ans : nous avons lutté sans cesse contre l'administration et les populations, pour organiser l'administration des deux instruments les plus importants de la prospérité sociale, l'agriculture et la viabilité rurale ; pour nous affranchir des formes souvent étroites, entravantes, on peut dire anti-administratives de l'administration. En France, un administrateur ne peut pas faire autrement s'il veut réellement administrer. La nature des choses administratives est l'*inégalité*, la *variété*, et les règles qu'on leur applique sont basées sur l'*égalité*, l'*uniformité*. Administration et uniformité sont deux choses incompatibles ; administrer, c'est organiser, coordonner, aménager, hiérarchiser, et la règle de toute organisation, de tout aménagement, c'est *la variété dans l'unité, l'association, la hiérarchie des individualités* et non *l'égalité dans l'uniformité, l'individualisme, la confusion des individualités.*

En France, où l'instruction scientifique et naturalogique est peu répandue, ceux qui font nos lois, nos règles administratives, qui nous administrent, sont très-peu versés dans les sciences physiques et surtout naturelles ; la littérature et le droit civil sont généralement les seules connaissances qu'ils possèdent. Confondant presque toujours *l'uniformité avec l'unité ; la concentration, l'absorption avec la centralisation ; la multiplicité sans hiérarchie, avec la variété dans l'unité* ou *la multiplicité ordonnée, hiérarchisée*, les choses *civiles* avec les choses *administratives*, ils considèrent tout au point de vue de l'uniformité, de l'égalité, de l'individualité, du droit privé, étroit, comme on le fait et comme on doit le faire pour les droits et les lois civils. Ils ignorent, ou ils font comme s'ils ignoraient, ce grand principe de droit administratif : « Nul ne peut opposer » son intérêt privé contre l'intérêt général, et nul ne peut avoir » un droit acquis contre l'intérêt général. » (Laferrière.) De là vient que nous avons tant de mauvaises lois et règles administratives et si peu d'administrateurs, quels que soient le zèle et les bonnes intentions de ces derniers.

Des esprits timorés trouveront que cette théorie est celle de l'arbitraire administratif ; nous pensons au contraire que c'est la véritable théorie, qui doit guider les législateurs dans la confection des lois administratives, et les administrateurs dans leur administration ; conformément au grand principe, aujourd'hui applicable à tout, que le génie de Montesquieu a formulé d'une manière générale, en disant : « Les lois, dans leur acception la » plus générale , sont les rapports nécessaires qui dérivent de » la nature des choses. » Principe que les sciences naturelles ont retrouvé dans la loi de *la variété dans l'unité ;* que l'industrie manufacturière a appliqué dans la division du travail ; que l'industrie agricole applique dans *l'appropriation* ou *la spécialisation,* qui n'est qu'une forme de la division du travail ; que l'économie sociale formule sous les noms divers d'association , de corporation, d'assurance mutuelle, de solidarité , ou de *charité chrétienne ;* que l'administration doit adopter, si elle veut marcher dans la voie qui la conduira avec le plus de certitude aux améliorations. Il faut que l'administration administre, et pour cela que, se rendant compte de la nature des choses administratives, elle reconnaisse que les règles trop uniquement puisées dans *l'uniformité ,* dans l'individualisme, sont souvent *fausses* et *stériles ,* que les règles puisées dans les principes de *la variété dans l'unité ,* de l'association , sont *plus vraies, plus fécondes.* Il suffit de se rappeler quelle est , sous une foule de rapports, la constitution variée à l'infini des communes de France , quelles sont les règles, presque exclusivement uniformes qui président à leur administration , pour voir que l'administration française, envisagée de ce point de vue, est encore dans l'enfance.

Voici, sous le rapport de la population humaine, et, comme tout se tient, par suite sous le rapport de la population animale de trait, du nombre des charrettes, des ressources pécuniaires et aussi de l'étendue du territoire, la position des 36,835 communes de France :

COMMUNES

						d'une étendue moyenne de
Au-dessous de	100 habitants	443			...	110 hectares.
De 101 à	200	...	2,560	3,003	...	220
De 201 à	300	...	4,157	7,160	...	330
De 301 à	400	...	4,618	11,778	...	370
De 401 à	500	...	3,916	15,694	...	550
De 501 à	1,000	...	11,945	27,639	...	1,400
De 1,001 à	1,500	...	4,423	32,062	...	1,800
De 1,501 à	2,000	...	2,094	34,156	...	2,200
De 2,001 à	3,000	...	1,472	35,618	...	3,000
De 3,001 à	4,000	...	565	36,183	...	5,000
De 4,001 à	5,000	...	235	36,418	...	6,000
De 5,001 à	10,000	...	271	36,689	...	»
De 10,001 à	20,000	...	93	36,782	...	»
De 20,001 à	50,000	...	43	36,825	...	»
Au-dessus de	50,000	...	10	36,835	...	»

Ainsi, sur 36,835 communes, on peut dire qu'il y a bien
36,418 communes rurales; car, dans les communes de 3, 4, 5
et 6,000 habitants, il y en a beaucoup qui n'ont que 4 à 700
habitants agglomérés, et, sur ces 36,418 communes, il y en a
27,639, environ 70 pour 100, qui ont moins de 1000 habitants,
c'est-à-dire moins de 1,000 à 1,200 fr. de ressources en prestation en nature et moins de 250 fr. en argent, venant de l'imposition des centimes vicinaux; et, sur ces 36,418 communes,
il y en a 15,694, ou 40 pour 100, qui ont moins de 500 habitants, ou moins de 800 fr. de prestation, moins de 125 fr. en
centimes, et encore il faut déduire de ces ressources les remises,
frais de confection des rôles, non-valeurs.

Voilà quelle est la constitution des communes, l'état des
choses, en un mot les instruments si faibles, si nombreux avec
lesquels il faut fabriquer cette machine compliquée de la viabilité rurale, qui exige, pour être bien établie, un travail d'ensemble, suivi pour la confection et l'entretien des chemins.
Évidemment, pour arriver à un bon résultat, il ne faut pas

laisser tous ces instruments, toutes les volontés qui les dirigent agir à leur guise, sans s'entendre, comme cela a lieu généralement, ce qui est la véritable cause de l'impuissance de la prestation en nature. Il faut combiner, coordonner l'action de ces instruments multiples et si faibles, diriger toutes ces volontés divergentes, ou les absorber, les neutraliser en mettant l'ordre dans la multiplicité, dans la variété par la solidarité, l'association des communes pour la confection et l'entretien des chemins vicinaux. C'est ce que nous avons fait dans l'arrondissement de Fougères avec un grand succès, et, pour qu'on ne nous suspecte pas de partialité dans cette question, nous laisserons la parole à M. Henry, ancien préfet d'Ille-et-Vilaine, pour exposer notre système et ses avantages, et prouver que la pratique est d'accord avec nos théories.

Dans le Bulletin administratif du 18 février 1840, dans son rapport de 1839 au conseil général, M. Henry s'est exprimé ainsi : « Déjà, dans l'arrondissement de Fougères, sous la di-
» rection ferme et habile de M. Bertin. des tentatives heureuses
» avaient été faites pour donner de l'ensemble aux efforts iso-
» lés et impuissants des communes, et particulièrement pour
» faire rendre à la contribution en nature. presque partout
» improductive, tout le travail qu'elle pouvait donner. L'obs-
» tacle principal était dans l'insuffisance du personnel dispo-
» nible pour la direction des travaux. Il y avait été paré par
» un système ingénieux de répartition des communes en di-
» vers groupes, travaillant chacun en son temps et à son ordre,
» sous la conduite des mêmes agents. »

« Ce système, imité l'année dernière (1839) dans tous les
» autres arrondissements, y a généralement réussi au-delà de
» mon espérance. La prestation en nature était la plus impro-
» ductive des ressources affectées à la réparation des chemins
» vicinaux. La journée de travail d'un prestataire représentait
» rarement la valeur *d'une demi-journée* d'ouvrier salarié.
» L'adjonction des cantonniers aux prestataires paraît contenir
» la solution de cette question, la plus grave sans doute que
» renferme pour un administrateur le service des chemins vi-
» cinaux. En effet, dès cette année, je puis le dire, la journée
» de prestation faite sous la conduite des cantonniers et sous la
» direction des piqueurs a *atteint*, dans la plupart des com-

» munes, la valeur de celle des ouvriers ordinaires ; dans quel-
» ques-unes , elle l'a *dépassée*. »

« Le principe sur lequel est fondée cette organisation est ex-
» trêmement simple ; il a suffi de quelques explications pour le
» faire comprendre à ceux qu'elle avait d'abord surpris. Dans
» un département, le préfet, pour les travaux des routes, des
» canaux, des bâtiments, a sous ses ordres des ingénieurs, des
» architectes, qui conçoivent et font exécuter sous sa surveil-
» lance les entreprises dont les projets ont reçu son approba-
» tion. Le concours d'hommes spéciaux est encore plus néces-
» saire aux maires qu'aux préfets. Cependant chaque commune
» ne peut entretenir un agent-voyer, un piqueur, des canton-
» niers, parce qu'elle n'a pas matière à employer leurs services
» pendant plus de quinze jours, un mois, deux mois au plus
» par année. Il fallait donc créer pour elles une direction com-
» mune, un service central , et répartir entre différentes épo-
» ques les travaux de chacune , de manière à permettre aux
» agents , délégués pour assister les maires , de se multiplier
» pour ainsi dire, de satisfaire successivement aux besoins de
» séries données de travaux. Cette répartition, dont la pensée
» et l'exécution premières appartiennent à M. le Sous-Préfet
» de Fougères, a été obtenue au moyen d'un aménagement des
» communes de chaque arrondissement par circonscriptions et
» par groupes, aménagement qui au désordre, à l'incohérence,
» à la faiblesse , résultant de l'isolement des communes et de
» l'abandon des mairies à leurs seules ressources , substitue la
» force, l'économie, l'expérience que donnent la réunion des
» intérêts et la communauté de direction. »

Et, cinq ans plus tard , M. Henry n'avait pas changé d'opinion , car il disait le 30 décembre 1843, dans le Bulletin administratif : « Dès avant 1836, M. Bertin avait montré, par des
» résultats déjà remarquables de ses efforts habiles et persé-
» vérants, tout ce qu'un administrateur capable et dévoué peut
» faire de bien, malgré l'insuffisance des dispositions légales
» (pour les chemins vicinaux). Plus que tout autre , il avait vu
» que l'avenir de cette œuvre était tout entier dans une cen-
» tralisation forte et complète de l'action administrative, de la
» direction des travaux. Le premier, il a réalisé cette centra-
» lisation dans son arrondissement. et, par l'exemple de ce qu'il
» avait obtenu, encouragé l'administration à se maintenir fer-

» moment dans cette voie. J'ai déjà payé un tribut public et
» mérité à ce que l'administration et le pays doivent à M.
» Berlin. Je suis heureux de trouver ici l'occasion de le renou-
» veler plus explicitement encore que par le passé. »

Après de pareils témoignages *officiels donnés depuis seize
ans*, comment en est-on encore à chercher les moyens de tirer
parti de la prestation en nature? Et tout cela n'est rien auprès
des résultats obtenus dans l'arrondissement de Fougères, où le
service vicinal est organisé, *comme il ne l'est nulle part en
France*, et encore il ne l'a pas été comme nous l'eussions organisé, si on nous eût laissé toute liberté d'agir. Notre système
a cependant été plusieurs fois signalé par le gouvernement à
l'attention des administrateurs, sous le nom de système des *brigades mobiles de cantonniers;* il a été adopté *en partie seulement* dans quelques départements. Peu à peu, nous pensons
qu'on en viendra à l'adopter en entier, lorsque l'on aura compris que plusieurs détails de ce service n'ont pas moins de valeur que les deux mécanismes administratifs, qui ont le plus
frappé les esprits par leur nouveauté, *l'aménagement des communes par circonscriptions et par groupes* et *les brigades
mobiles de cantonniers,* qui ont été plus généralement adoptés,
mais qui ne produisent tout leur effet, que lorsqu'ils fonctionnent avec tous les autres rouages de notre mécanisme. Nous
croyons que, si notre système était généralisé et appliqué,
comme nous l'avons fait à Fougères, on utiliserait chaque année *quarante millions*, aujourd'hui perdus, dont une partie est
dissimulée par fraude, négligence, défaut d'intelligence; une
autre, par mauvais emploi; une autre, par absence d'entretien,
ou mauvais entretien des travaux faits : sans compter les millions
d'économie et de production, allant chaque année en augmentant, qui résulteraient de l'amélioration de la viabilité *agricole*
par le bon emploi de ces 40 millions.

Voici, en quelques mots, en quoi consiste ce système :

1º Suppression absolue de la direction de tout le service vicinal par les maires, qui n'ordonnent plus aucunes dépenses
concernant les chemins vicinaux, et qui seulement surveillent
et contrôlent le service ;

2º Centralisation entière de tout le service vicinal entre les
mains du sous-préfet et de l'agent-voyer de l'arrondissement,

seuls chargés de la direction immédiate de ce service ;

3° Initiative du sous-préfet dans le classement des chemins vicinaux, pour qu'ils soient coordonnés suivant l'intérêt communal et général ;

4° Aménagement des communes de l'arrondissement, par circonscriptions et par groupes, pour que chaque groupe de communes puisse travailler, sous la conduite des mêmes agents, suivant l'ordre et le temps qui lui est assigné ;

5° Organisation par circonscription de brigades mobiles de cantonniers, entretenus à l'année, se transportant successivement, et plusieurs fois par an, dans chaque commune ou groupe de communes, pour diriger les prestataires dans les travaux de confection et d'entretien des chemins vicinaux ;

6° Association des communes de chaque circonscription, pour le paiement, pendant toute l'année, des cantonniers mobiles de l'agent-voyer de circonscription, de l'achat et de l'entretien de l'outillage mobile des ateliers de prestataires ; la garde de cet outillage étant confiée à l'agent-voyer de circonscription, sous sa responsabilité ;

7° Organisation de plusieurs mesures de comptabilité, qui permettent de connaître toujours les ressources en argent dont on peut disposer pour chaque commune ; d'en disposer, quoiqu'elles ne soient pas recouvrées, et d'en activer le recouvrement ;

8° Intervention des agents du service vicinal dans la confection de la matrice des rôles de prestation, pour y faire régner la vérité, les répartiteurs dissimulant toujours une grande partie des forces contributives des prestataires ;

9° Établissement de l'équité entre les prestataires qui travaillent et ceux qui rachètent leur prestation ; en faisant porter le prix de rachat de la prestation à la valeur du travail des prestataires, et à la valeur réelle de la journée de travail dans le pays ;

10° Exécution de tous les travaux de la prestation à la tâche, avec la faculté de la faire exécuter par qui l'on veut, dans un délai de plusieurs jours, en prolongeant le plus longtemps possible le séjour dans chaque commune des agents qui dirigent les travaux ;

11° Application des prestataires à tous les travaux des chemins, même à l'extraction et au brisage de la pierre ;

12° Emploi d'une partie de la prestation dans les plus mauvais mois de l'année, pour l'extraction, le brisage et le transport de la pierre ;

13° Suppression presque absolue de l'intervention des entrepreneurs, même pour les travaux d'art ;

14° Conversion à l'amiable des journées de prestation d'une espèce en journées d'une autre espèce, sans faire aucune remise aux prestataires ;

15° Prélèvement chaque année, d'une manière absolue, des ressources nécessaires à l'entretien des chemins, avant d'entreprendre aucuns travaux neufs.

On peut sans doute faire des objections à notre système : contre quoi n'en fait-on pas ? Il peut s'y glisser des abus : il y en a dans tous les systèmes. Ce qui s'opposera le plus à sa généralisation, c'est d'abord qu'il sort un peu des habitudes de l'administration ; ensuite, c'est qu'il demande aux sous-préfets, aux agents-voyers de tous les degrés, peut-être, un peu plus de soins, plus de travail, plus de surveillance : mais ce ne peut être pour l'administration supérieure une raison pour ne pas en prescrire la généralisation. Nous croyons que, lorsqu'on voudra le généraliser, tous les désaccords, qui existent encore aujourd'hui sur la valeur de la prestation en nature, cesseront ; ainsi que les préjugés, qui la font encore regarder, par quelques personnes, comme une institution entachée de féodalité. La prestation en nature, malgré son peu de valeur dans beaucoup de départements, n'est nullement impopulaire. Ainsi, lorsque l'Empereur Napoléon III, trompé par des clameurs mal fondées, dans son message du 9 juin 1849, annonça son intention de supprimer la prestation en nature, les cultivateurs ne regardèrent nullement cela comme un bienfait. Pourquoi la prestation en nature serait-elle aujourd'hui impopulaire et gênante pour le cultivateur, qui comprend maintenant la valeur d'un beau chemin et que *l'art du cantonnier doit faire partie de l'éducation d'un bon laboureur*, qui a le plus grand intérêt à savoir réparer, *par lui-même*, tous ses chemins de servitude, et qui sait que, pour faire de tous les laboureurs une *population de cantonniers*, il faut appliquer les prestataires à tous les genres de travaux des chemins, *même à l'extraction et au brisage de la pierre*. Plus la prestation en nature est bien employée, moins elle est impopulaire, parce que les populations en voient les bienfaits par les résultats que donne la viabilité. Aussi, à Fougères, nous avons souvent vu des prestataires faire leurs journées de prestation d'avance, d'une année pour l'autre ; des villages souscrire des journées en plus, de l'argent, des concessions gratuites de terrain, pour voir les travaux avancer, pour obtenir la reconnaissance de nouveaux chemins.

Et, quand on voudra le reconnaître, *ce que l'on ne sait pas encore*, ce que c'est qu'un chemin vicinal ; que tous les chemins vicinaux doivent être considérés comme étant la propriété de *l'association* des communes, et non comme étant la propriété *individuelle* de chaque commune sur le territoire de laquelle ils passent, on arrivera forcément à *l'association* des communes pour la confection et l'entretien de ces chemins. On arrive par tous les systèmes, avec plus ou moins de dépenses, à confectionner les chemins vicinaux ; mais ce n'est pas tout de les confectionner, il faut les conserver, et, pour conserver, il faut entretenir. Sans entretien, pas de bonne vicinalité ; et, comme nous l'avons dit, vu la multiplicité des communes, le peu de ressources de la plupart d'entre elles, il n'y a pas d'entretien possible, économique des chemins vicinaux, par la méthode de *la pointe à temps* sans brigades mobiles de cantonniers de circonscription ; pas de brigades mobiles sans l'association des communes, et, avec l'association des communes et les brigades mobiles de cantonniers de circonscription, *centralisation forcée* du service vicinal, *suppression forcée* de la direction de ce service par les maires. Ce qui prouve que, dans un bon mécanisme, tout se tient, tout est lié.

D'après ce que nous voyons tous les jours, ce que nous entendons dire sans cesse du mauvais emploi de la prestation en nature dans beaucoup de départements, par conséquent de son peu de valeur, nous persistons à croire de plus en plus fondées les opinions, que nous avons exprimées dans notre brochure sur les chemins vicinaux; et, avec M. Marteville, rendant compte de notre système dans le journal l'*Auxiliaire Breton*, nous dirons : « Que faut-il en définitive à la voirie rurale ? Un ministre » qui veuille bien consacrer quatre heures à lire le livre de M. » Bertin. » Malheureusement pour l'agriculture, aucun ministre de l'Intérieur n'a encore arrêté son attention sur cette question, qui, après tout, ne le regarde réellement pas, quoiqu'il ait les chemins vicinaux dans ses attributions. Il est évident que tout ce qui concerne la voirie rurale et les cours d'eau devrait être dans les attributions du ministre des travaux publics, de l'agriculture et du commerce, puisque les chemins vicinaux sont des travaux de ponts et chaussées et un des plus puissants instruments de prospérité de l'agriculture, de l'industrie et du commerce.

Ce serait d'autant plus utile que, à côté des chemins vicinaux, qui ne sont pas encore faits, et surtout des chemins faits, qui sont mal entretenus : il y a un très-grand nombre de chemins ruraux, qui sont plus spécialement les chemins d'exploitation agricole de tous les jours. Tant qu'ils seront en mauvais état, la viabilité rurale ne sera pas complète ; l'amélioration des chemins vicinaux ne portera pas tous ses fruits, puisque le chargement qui pourra circuler sur les chemins vicinaux ne pourra franchir les mauvais passages des chemins ruraux.

Section VI.

De l'association des cultivateurs, pour la réparation et l'entretien des chemins ruraux.

On ne peut obtenir l'amélioration si importante des chemins ruraux qu'avec les travaux, les souscriptions obtenus par l'*association volontaire* des habitants intéressés qui, guidés, éclairés par notre système d'organisation des travaux de la vicinalité, sont tous devenus des cantonniers , comme nous en avons eu souvent la preuve dans l'arrondissement de Fougères; ou, quand les chemins vicinaux sont faits, en appliquant, un peu illégalement, la prestation en nature à ces chemins ruraux, comme nous l'avons déjà vu faire dans quelques communes ; ou bien , en classant ces chemins comme chemins vicinaux, ce qui serait le mieux, tant qu'une législation nouvelle ne sera pas intervenue pour assurer leur viabilité. En attendant cette législation, nous avons pensé que l'on pourrait, par un arrêté municipal ou préfectoral, remédier, au moins en grande partie, au mal , et nous le croyons encore. Nous donnons, ci-dessous, un projet d'arrêté relatif aux chemins ruraux, que nous avions formulé (en 1841), étant sous-préfet, et que nous serions parvenu à faire adopter par tous les maires de l'arrondissement. Ce qui nous engage surtout à le faire connaître, c'est que plusieurs chambres d'agriculture ont émis le vœu qu'on s'occupât de ces chemins ruraux.

Mais voici une autre question du plus grand intérêt : ne pourrait-on pas , en se basant sur les considérations de notre projet d'arrêté, arriver à cette réparation des chemins ruraux par la voie d'un arrêté municipal, venant à la suite d'un acte souscrit par la majorité des habitants d'une commune , dans le but de parvenir par voie d'*association* à réparer ces chemins , et forcer, ceux qui n'auraient pas souscrit l'acte d'association , à contribuer à la réparation des chemins vicinaux, soit en y travaillant, soit en payant la somme fixée pour le rachat de leur travail en nature. Cela peut paraître au premier abord impossible et très-arbitraire ; mais, quand on aura lu avec attention l'article que nous donnons plus loin, sur l'arrêté très-remarquable du maire de Langrune (Calvados), concernant l'association pour la destruction des taupes, la chose paraîtra plus praticable. Pour nous, nous n'hésiterions pas à en faire l'essai , et, dans le projet d'arrêté ci-après, nous avons introduit des articles relatifs à cette association :

Vu les articles 50, loi du 14 décembre 1789 ; 5, loi du 24 août 1790 ; 15, 18, 29, § 2, loi du 22 juillet 1791 ; 40, 41, 45, 44, loi du 6 octobre 1791 ; loi du 16 septembre 1807 ; 10, 11, loi du 22 juillet 1857 ;

L'arrêté du Préfet d'Ille-et-Vilaine du 18 août 1856 ;

Les articles 552, 657, 640, 649, 650, 671, 672, 697, 698, 1582, 1585, 1584 du code civil ;

L'article 164 du code d'instruction criminelle ; les articles 471, n°° 4, 5, 15 ; 475, n° 7 ; 479, n°° 4, 11, 12 du code pénal ;

L'article 605 du code du 3 brumaire an 4 ;

Les arrêtés du Parlement de Bretagne des 25 août 1759 ; 15 septembre 1752 ; 8 février 1775 ;

Les usages locaux de l'arrondissement de Fougères ;

Divers arrêts de la cour de cassation et du conseil d'Etat ;

Vu l'acte souscrit par la majorité des cultivateurs de la commune de....., ou de la section cadastrale A de la commune de....., dans le but de pourvoir, par voie d'association, à la réparation et entretien des chemins ruraux de la commune..... ou de la section......

Attendu que sur..... mètres de longueur de chemins vicinaux reconnus, la commune en a une longueur de..... mètres à l'état d'entretien, et que, tant que les chemins ruraux seront en mauvais état, l'amélioration des chemins vicinaux ne portera pas tous ses fruits; puisque le chargement, qui pourra circuler sur ces derniers chemins, ne pourra franchir les mauvais passages des chemins ruraux, ou ne pourra le faire sans s'exposer à des malheurs; qu'en outre ce mauvais état augmente les frais de transport;

Attendu que les chemins ruraux de la commune ont une longueur de..... mètres; que (un quart, un tiers, la moitié) de ces chemins sont impraticables; que le mauvais état de ces chemins cause aux cultivateurs une perte considérable, qui peut augmenter les frais de transport de (10, 20, 50 pour 100);

Considérant

Qu'il est du devoir de l'autorité municipale de prévenir tous les accidents qui peuvent engager sa responsabilité et celle de la commune; — de conserver et de donner une largeur convenable aux rues, ruelles, carrefours, chemins publics et sentiers ruraux de la ville, du bourg, des villages, de toute la commune et de tous les chemins publics, qui ne sont pas la continuation des routes impériales, départementales et des chemins vicinaux de grande communication; — que les rues, ruelles, sentiers, carrefours, chemins des villes, bourgs et villages, routes vicinales, départementales et impériales, sont inprescriptibles; que l'action, pour la répression des contraventions commises sur ces voies, n'est point susceptible de la prescription annale, portée par l'article 640 du code d'instruction criminelle, sans quoi l'imprescriptibilité de la voie publique serait un non-sens; — que les chemins et sentiers ruraux publics sont la continuation ou la liaison des rues, ruelles, sentiers, chemins des villes, bourgs et villages; sont donc comme ces derniers des portions du territoire français, non susceptibles d'une propriété privée; ne sont pas dans le commerce et font partie du domaine public-municipal, qui est imprescriptible;

De veiller à ce que ces rues, ruelles, places, carrefours, sentiers ruraux et chemins publics, qui font partie du domaine public municipal, ne soient ni envahis, ni dégradés, et à ce que l'on n'entrave d'aucune manière la liberté, la sûreté de la circulation sur ces voies publiques;

Qu'il se commet continuellement des usurpations sur ces voies et chemins publics, soit par des plantations ; soit par des constructions de murs en terre, ou en pierre, ou de tout autre clôture ;

Que des arbres nombreux de haute et basse tige, des haies touffues et élevées bordent ces rues, ruelles, sentiers et chemins publics ruraux ; sont souvent plantés dans la voie publique ; ne sont que rarement ou jamais élagués ; couvrent en entier la voie publique ; empêchent son desséchement ; entravent le passage des voitures, surtout lorsqu'elles sont chargées de récoltes ; sont une cause de pertes de récoltes et d'accidents nombreux ;

Que ces voies publiques sont souvent dégradées, détériorées ; embarrassées par des dépôts de litière ; par des éboulements de talus dans les fossés ; par des détournements de cours d'eau d'irrigation ; par des enlèvements de terres, de pierres et gazons ; par des divagations de bestiaux ;

Qu'il est du devoir de l'autorité municipale de protéger, d'une manière efficace, les efforts tentés par les habitants, pour parvenir à la réparation et à l'entretien des chemins ruraux ;

Que, par leur refus de prendre part à l'acte d'association ci-dessus visé, un certain nombre de cultivateurs en rendraient l'exécution impossible, et, par là, porteraient un grave préjudice aux cultivateurs associés, si on ne pouvait contraindre les habitants non associés à réparer les chemins ruraux, qui traversent leurs terrains, lorsque les autres cultivateurs ont réparé les leurs situés en deçà et au-delà ;

ARRÊTE :

ART. 1er.—Nul ne peut entreprendre aucunes constructions, reconstructions, réparations, même intérieures, à des bâtiments, à des clôtures, qui seront sur le bord, ou joignant les voies publiques urbaines, rues, ruelles, places, carrefours de la ville ou du bourg et des villages, et tous les chemins et sentiers publics ruraux, quelle que soit leur largeur, sans en avoir demandé par écrit la permission au maire, qui la refusera ou l'accordera, par écrit, en motivant son refus, ou en indiquant l'alignement à suivre et les conditions de construction.

Nul ne pourra également faire aucune plantation sur le bord de ces voies et chemins, sans se conformer au présent arrêté.

Art. 2. — La largeur de ces voies et chemins est généralement de cinq mètres ; elle est de deux mètres soixante centimètres au moins et de huit mètres au plus, fossés compris et francs de talus ; excepté à l'ouverture et aux carrefours, où cette largeur est souvent plus grande. — Cette largeur se mesure au niveau des champs riverains. — Les talus en remblais et en déblais font partie de ces voies et chemins.

Art. 3. — L'élargissement de ces voies et chemins peut être fait conformément à la largeur qu'ils possèdent aujourd'hui dans la plus grande partie de leur longueur, et où cette largeur était anciennement plus grande, elle pourra être rétablie sur ceux qui l'ont usurpée.

Art. 4. — A l'avenir, les arbres ne pourront être plantés le long de ces voies et chemins, qu'à la distance de deux mètres du bord extérieur du fossé ou du talus, et à cinq mètres les uns des autres. — Les haies vives seront plantées sur la crête de la haie en terre, et, lorsqu'il n'y aura pas de haie en terre, à cinquante centimètres du bord extérieur du fossé ou du talus.

Art. 5. — Tous les trois ans, à partir de....., les arbres et haies vives, qui existent le long de ces voies et chemins, seront élagués par les soins des propriétaires et fermiers, avant le 1er mars. — La hauteur à laquelle aura lieu l'élagage sera comptée à partir du sol des champs riverains.

Art. 6. — L'élagage aura lieu de la manière suivante :

1º A quatre mètres de hauteur, dans tout leur pourtour, sur les voies et chemins, quelle que soit leur largeur, pour les arbres plantés sur la crête de la haie en terre ;

2º A quatre mètres de hauteur, seulement du côté de la route, sur les voies urbaines et sur les chemins ruraux de cinq mètres de largeur et au-dessus, pour les arbres plantés à deux mètres de la route.

3º A quatre mètres de hauteur, dans tout leur pourtour, sur les autres chemins ruraux ayant moins de cinq mètres de largeur, pour les arbres plantés à deux mètres de la route.

La hauteur des haies vives ne pourra dépasser un mètre et demi ; toutes les branches, qui avanceront sur la route, seront élaguées.

Art. 7. — L'élagage pourra néanmoins avoir lieu, dans l'intervalle des trois ans, toutes les fois qu'il en sera besoin ; mais, dans ce cas, sur un arrêté spécial du maire, approuvé par le sous-préfet.

Art. 8. — Chaque fois que les racines des arbres et haies vives, qui bordent ces voies et chemins, anticiperont sur leurs fossés ou sur leur largeur, ou gêneront d'une manière quelconque la circulation, elles seront recepées par les soins des propriétaires ou fermiers.

Art. 9. — Tous les arbres plantés sur le sol, sur les talus, dans ou sur la haie en terre des voies et chemins, ou tout autrement, et qui par leur croissance ont usurpé sur la largeur de ces voies et chemins, et par là empêchent ou diminuent la liberté du passage, seront abattus par les soins du propriétaire ou du fermier.

Art. 10. — Ceux qui négligeront de relever les haies en terre, qui ébouleront sur les voies publiques urbaines, rurales et vicinales ; qui abattront ces haies sur ces mêmes voies publiques, pour arriver à leurs propriétés, sans établir des nocs ou pontceaux, et qui entraveront, ainsi ou de tout autre manière, l'écoulement des eaux et les feront refluer sur le sol du chemin, seront considérés comme ayant dégradé des chemins publics et usurpé sur leur largeur.

Art. 11. — Ceux qui, pour conduire des eaux de source ou des eaux pluviales sur leurs propriétés, auront besoin de leur faire traverser les voies et chemins publics et de les leur faire parcourir pendant quelque temps, devront, avec l'autorisation du maire, établir des nocs ou pontceaux pour le passage des eaux, les entretenir à leurs frais, ainsi que les fossés qui seront parcourus par ces eaux.

Art. 12. — Ceux qui laisseront ou mèneront paître des bestiaux quelconques, entravés ou non, avec ou sans gardiens, dans les voies publiques urbaines, rurales et vicinales, et qui les laisseront ébouler des terres dans les fossés des chemins et les combler, seront également considérés comme ayant dégradé des chemins publics.

Art. 13. — Seront punis conformément aux articles 471, 479 du code pénal, 6 et 5 du code de brumaire an 4, ceux qui contreviendront au présent arrêté ; ceux qui embarrasseront les voies publiques urbaines et rurales, en y déposant, en y laissant, sans nécessité, des matériaux ou des choses quelconques, qui empêchent ou diminuent la liberté du passage ; ceux qui occasionneront la mort ou la blessure des animaux ou bestiaux par l'encombrement ou l'excavation, ou telles autres œuvres, dans ou près les rues, places et voies publiques; ceux qui dégraderont, de quelque manière que ce soit, les voies publiques urbaines, vicinales et rurales, ou usurperont sur leur largeur; ceux qui, sans y être dûment autorisés, enlèveront de toutes ces voies publiques des gazons, terres ou pierres.

Art. 14. — En cas de négligence dans l'exécution des prescriptions du présent arrêté, l'élagage, le recepage, l'abattage et tous autres travaux nécessaires pour son exécution seront ordonnés d'office par le maire; l'exécutoire des frais sera donné par le juge de paix.

Art. 15. — Tous propriétaires intéressés, tous fermiers ou possesseurs d'un fonds rural ou d'une habitation, sont recevables à se plaindre des contraventions au présent arrêté, sans préjudice des poursuites du ministère public.

Art. 16. — A défaut d'association des habitants, pour la réparation des chemins ruraux, rendue obligatoire pour tous par arrêté du maire; si l'administration municipale n'a pas pourvu à la réparation des voies urbaines et chemins ruraux, lorsqu'un ou plusieurs habitants de la commune se proposeront de les réparer volontairement, ils en feront la déclaration au maire, qui les autorisera, par écrit, à faire les réparations nécessaires dans les limites du présent arrêté et sauf les droits des tiers.

Art. 17. — Dans le cas d'association des habitants, la réparation des chemins ruraux pourra avoir lieu pour toute la commune ou par section cadastrale. Dans tous les cas, un syndicat, pris parmi les associés, sera choisi par le maire, qui le présidera, et le syndicat nommera un syndic, pour chaque section cadastrale. Le syndicat arrêtera les travaux à entreprendre chaque année et fixera, en suivant les prescriptions de la loi des chemins vicinaux, la prestation en nature à exiger de chaque habitant. Cette prestation pourra être établie par demi-journée et ne s'élever qu'à une demi-journée par chaque homme, animal et charrette; elle ne pourra jamais dépasser deux journées; elle pourra porter séparément et inégalement sur les hommes, les animaux, les charrettes.

Art. 18. — La réparation des chemins ruraux s'opèrera chaque année dans la commune de.... depuis... jusqu'au... Elle aura lieu pour toute la commune ou par section cadastrale;

dans ce dernier cas, par les soins et sous la direction du maire ou du syndic de la section et par les habitants de la section. Les habitants des sections limitrophes pourront être appelés à contribuer aux travaux de la section voisine, d'après la décision du syndicat, mais pour une partie seulement de leur prestation.

ART. 19. — Huit jours avant celui où les travaux de réparation ou d'entretien commenceront dans chaque section, le maire donnera avis aux cultivateurs non associés, du jour où commenceront les travaux; et ceux-ci devront procéder, simultanément avec les cultivateurs associés, à l'exécution des travaux arrêtés par le syndicat.

ART. 20. — En cas de refus ou de négligence d'un cultivateur, associé ou non associé, de faire les travaux qu'il doit, il y sera procédé d'office, à ses frais, par des ouvriers que désignera le maire. L'absence au jour fixé suffira pour motiver et constater le refus.

ART. 21. — Ceux des cultivateurs, associés ou non associés, pour lesquels des ouvriers auront travaillé paieront au syndicat, pour le salaire desdits ouvriers, la somme fixée conformément au prix de rachat établi pour les journées de prestation, pour les chemins vicinaux : sans préjudice des poursuites encourues pour contravention au présent arrêté.

ART. 22. — Les contraventions au présent arrêté seront constatées par procès-verbaux et poursuivies conformément aux lois.

Si de pareilles associations de cultivateurs pour la réparation des chemins ruraux existaient dans un arrondissement, comme celui de Fougères, où le service vicinal est organisé par l'association des communes, on comprend combien ce service viendrait en aide à cette association des cultivateurs, par le prêt de son outillage, de la surveillance, de la direction de son personnel. Nous le savons par expérience, car plusieurs fois des associations volontaires partielles des habitants de quelques villages, pour la réparation des chemins ruraux, ont eu lieu dans l'arrondissement de Fougères, et les travaux dirigés par les cantonniers du service vicinal étaient payés par l'association des habitants.

Section VII.

Association des cultivateurs pour les achats en gros.

Bien convaincu de la valeur des saines idées d'association appliquées dans des limites convenables, dès 1837, comme on le verra dans les articles extraits de la *Chronique de Fougères* des 25 avril et 2 mai 1837, qui n'ont encore rien perdu de leur valeur d'actualité, et plus tard dans d'autres numéros de ce journal, nous avons engagé les cultivateurs à s'associer pour acheter en gros divers objets (1) ; pour fabriquer les boissons en commun ; pour acheter et jouir en commun d'ouvrages, d'instruments d'agriculture, comme machines à battre, etc., d'un prix trop élevé, d'un usage trop peu fréquent pour être possédés par un d'entre eux ; ou à acheter ces instruments pour les louer ; à s'associer pour la destruction des taupes (2). C'était devancer un peu l'avenir ; cependant le temps nous a déjà donné raison, en 1838 et 1840, pour l'achat des ouvrages d'agriculture, du sulfate de soude pour le chaulage des grains, du noir-animal pour engrais ; en 1846, pour la location des machines à battre ; en 1854 pour la destruction des taupes ; en 1855, pour la fabrication du vin.

(Extrait de la *Chronique de Fougères* du 2 mai 1837.)

LE CALENDRIER DU BON CULTIVATEUR,
OU MANUEL DE L'AGRICULTEUR PRATICIEN.

« La *Maison rustique du 19ᵉ siècle*, dont nous avons parlé dans le dernier numéro de la *Chronique*, est sans contredit une œuvre excellente ; mais les quatre volumes qui la composent coûtent 33 fr. 50. Ce prix, quoique très-modique, est encore trop élevé, et suffirait pour faire de ce livre un mauvais ouvrage, s'il avait été composé pour la masse des cultivateurs, qui ne pourraient se le procurer. Mais si la *Maison rustique* ne peut être entre les mains de tous les agriculteurs, il serait à dé-

---

(1) *Chronique* du 25 mai 1841.
(2) *Chronique* du 16 janvier 1838.

sirer qu'elle existât au moins dans toutes les communes comme propriété communale : il n'est pas de commune qui ne puisse trouver sur son budget 33 f. 50 pour faire l'acquisition de cette encyclopédie d'agriculture pratique, qui serait mise en dépôt chez le maire ou à la mairie, chez l'instituteur ou chez le secrétaire de la mairie, et pourrait être consultée par tous les habitants de la commune.

» Si le conseil municipal ne trouvait pas 33 f. 50 sur son budget, quelques propriétaires bienfaisants ne pourraient-ils pas faire cadeau de cet ouvrage à leur commune, ou bien encore les principaux propriétaires et fermiers, à leur tête les conseillers municipaux, ne pourraient-ils pas apporter à la masse chacun une pièce de vingt sous ou même moins, pour procurer à leur commune un ouvrage utile. Ce serait un germe de bibliothèque communale, un premier pas dans la voie si féconde de l'association, qui, dans un avenir prochain, rendra la vie aux communes et rétablira sur des bases nouvelles, en rapport avec la liberté, ces ébauches d'association que l'on trouvait dans plusieurs institutions de la féodalité, où tout n'était pas mauvais, comme on le reconnaît aujourd'hui que l'on commence à s'affranchir des préjugés du vieux libéralisme.

» A la mise en communauté des quatre volumes de la *Maison rustique*, on pourrait ajouter plusieurs bons journaux d'une utilité pratique, mais étrangers aux journaux politiques : et avant tout cela il faudrait acheter l'excellent ouvrage qu'un de nos plus savants agriculteurs, M. Dombasle, a publié sous le titre beaucoup trop modeste de *Calendrier du bon cultivateur*. Mais la place de l'ouvrage de M. Dombasle n'est pas seulement marquée dans la bibliothèque communale, elle est aussi marquée dans celle de tous les propriétaires, qui devraient donner ce livre à leurs fermiers, dans celle des curés, des maires, des instituteurs. Les comités cantonnaux d'agriculture devraient le donner à titre de prime : ne pourraient-ils pas donner, aussi au même titre, la *Maison rustique du* 19e *siècle* ou d'autres ouvrages dans le même genre, ou même des instruments perfectionnés d'agriculture ? Car ce qui arrête les progrès de l'agriculture, c'est le défaut d'instruction beaucoup plus qu'autre chose, et un livre instructif peut-il être mieux placé qu'entre les mains de celui qui se présente à un concours de primes d'agriculture? Nous livrons ces réflexions aux méditations des membres des comités cantonnaux et des conseils généraux.

» L'ouvrage de M. Dombasle, arrivé aujourd'hui à sa quatrième édition, ne coûte que 4 fr. 50 (1), et est cependant une petite encyclopédie d'agriculture pratique, qui, vu la modicité de son prix, est à la portée du plus grand nombre. Si le prix en paraissait encore trop élevé, qui empêche neuf fermiers du même village ou de villages voisins de l'acheter en commun pour leurs dix sous? A notre avis, ce sont là de petits éléments d'association que l'on ne saurait trop chercher à réunir et à féconder ; car dans l'association est tout l'avenir de l'agriculture et même celui de la société. L'association de neufs fermiers pour le *Calendrier* peut donner naissance à leur association pour se procurer quelques instruments perfectionnés d'agriculture, tels que la charrue à butter, la charrue d'irrigation, l'extirpateur, le rayonneur, le rouleau squelette, instruments d'un prix trop élevé pour chacun d'eux, et qui, n'étant pas d'un usage journalier, peuvent très bien être possédés en commun. Cette association en amènerait d'autres entre les mêmes associés pour de nouveaux objets, entre plusieurs groupes d'associés pour des instruments d'un prix plus élevé, pour des semoirs Hugues, pour des rouleaux à réparer les chemins de servitude : et plus tard toute une commune, ou toute une fraction de commune, s'associerait pour avoir une machine à battre les grains, pour fabriquer ses boissons, et pratiquer les différentes branches de l'industrie agricole. La commune a bien son église, son école, ses chemins, ses fontaines, son lavoir, ses biens communs, pourquoi n'étendrait-elle pas cette communauté à beaucoup d'autres objets (cela n'est pas plus difficile que d'organiser les fruitières dont nous avons parlé dans l'article de la *Maison rustique du* 19e *siècle*)? Pourquoi ne renouvellerait-elle pas les institutions féodales en ce qu'elles avaient de bon, avec les modifications nécessitées par le développement social? Croit-on, par exemple, que tout fût mauvais dans ce four banal de la féodalité, bien chauffé, bien entretenu, qui cuisait bien le pain, qui brûlait moitié moins de bois que n'en brûlent les vingt mauvais fours qui l'ont remplacé, qui cuisent

______

(1) En 1856, la 9e édition coûte 4 fr. 75.

mal le pain, et qui occasionnent au moins deux fois plus de perte de temps? Les mêmes réflexions s'appliquent au pressoir banal, et à toute opération dans laquelle on a substitué le morcellement à l'association. Et ce système de morcellement on appelle cela du progrès : car aujourd'hui tout ce qui est nouveau est du progrès, tandis qu'il faudrait souvent mieux retourner en arrière pour avancer.

» Le *Calendrier* de M. Dombasle, dont nous recommandons l'acquisition à tout le monde, n'est pas, comme pourrait le faire penser son titre, un almanach où l'on se borne à dire : semez le chanvre en mai, récoltez en août. Cet ouvrage indique bien par chaque mois les opérations agricoles à faire, mais chaque article est un traité abrégé de l'état actuel de la science agricole; donne les conseils de l'expérience, indique les améliorations à introduire, les avantages et les inconvénients de telle ou telle manière d'opérer, les résultats que l'on doit obtenir ; tout ce qui concerne l'économie domestique agricole et l'industrie agricole n'y est pas oublié, non plus que la culture du jardin potager et celle des arbres forestiers.

» La seconde partie du *Calendrier* renferme des observations judicieuses, de très bonnes instructions sur les instruments perfectionnés d'agriculture, sur les irrigations des prairies, sur les fumiers, sur les assolements, sur l'amélioration des bêtes à cornes.

» Sous le titre DE LA RICHESSE DU CULTIVATEUR OU LES SECRETS DE JEAN-NICOLAS BENOIT, M. Dombasle fait, sous la forme d'un dialogue entre Benoit et son cousin, un résumé très simple et très-démonstratif des améliorations à introduire dans l'agriculture, des usages à changer. Il serait utile que ce seul dialogue fût imprimé séparément et répandu avec profusion dans les campagnes.

» L'ouvrage est terminé par une notice intéressante sur la fabrique d'instruments perfectionnés d'agriculture établie par M. Dombasle à sa ferme de Roville, et par un catalogue de ces instruments et de leur prix. »

Nous avons déjà dit que des membres des comices communaux s'étaient associés pour acheter divers objets en gros. Outre l'avantage du bon marché que procure toujours l'achat en gros, ou par association, il y a encore dans ce mode d'achat, surtout appliqué aux engrais artificiels, d'autres avantages très-importants, qui consistent, entre autres, à se garantir contre la déloyauté et l'escroquerie des marchands, qui fraudent leurs marchandises, engrais et autres. Ces moyens, les voici (1) :

Que les habitants d'une même commune, d'un même bourg, d'un même village, ou mieux de plusieurs villages, se réunissent pour faire leurs achats en gros, en commun. Qu'au moment de l'achat, ils exigent un reçu mentionnant la nature et la qualité du noir vendu, telles qu'elles doivent être indiquées sur l'enseigne du magasin ; qu'ils exigent que le vendeur leur fasse la remise d'un échantillon de noir cacheté, signé par lui et pris dans les marchandises livrées. S'ils croient avoir été trompés, qu'ils fassent faire l'analyse de l'échantillon par un chimiste, et qu'ils saisissent les tribunaux de leur plainte, en formulant une demande en dommages-intérêts.

Voici les avantages que les habitants d'une commune trouveraient à s'associer, pour l'achat du noir-animal et de beaucoup d'autres objets fraudés ou non fraudés.

Rien que le fait de l'association amènerait le commerce dans des voies de vérité ; car voici le raisonnement que font les fraudeurs : En vendant de mauvaise marchandise à cent individus isolés, de communes différentes, il y a cent à parier contre un que ces individus ne seront pas à même de se dire qu'ils ont été trompés et de s'entendre pour intenter une poursuite ; et, quand ils viendront isolément se plaindre, nous leur dirons : C'est étonnant, tous ceux qui ont acheté notre noir s'en louent beaucoup : c'est que vous aurez mal semé, mal labouré, etc., tout le *bagou* des marchands.

L'association des acheteurs, c'est l'épée de Damoclès suspendue sur la tête du marchand de mauvaise foi. S'il trompe toute une commune, il est certain d'être poursuivi, de ne plus pouvoir inspirer de confiance à cette commune et aux communes voisines ; car sa mauvaise foi sera connue de tous : il n'a donc pas d'intérêt à tromper ; il a au contraire intérêt à bien servir une clientèle nombreuse et assurée, comme celle d'une commune.

Si la commune associée avait besoin de recourir à des poursuites, ou seulement à l'analyse de l'échantillon du noir, les bienfaits de l'association se feraient encore sentir, puisque les

____

(1) *Chronique de Fougères* du 25 mai 1841.

frais se répartiraient sur chacun, en raison du nombre d'hectolitres qu'il aurait achetés. Par exemple , si les frais s'élèvent à
50 fr., et qu'un seul acheteur de 10 hectolitres ait à les supporter, cela fera 5 fr. par hectolitre ; que dix personnes se soient
associées pour acheter 100 hectolitres, les frais seront réduits à
50 centimes par hectolitre ; ils ne seront plus que de 5 centimes
par hectolitre, si l'achat est de 1000 hectolitres. Plus sera grand
le nombre des associés, par conséquent le nombre des hectolitres
achetés, plus les frais seront réduits. Les frais d'analyse et du
procès , répartis sur tous les associés , n'étant rien , on n'hésite
pas à attaquer le marchand ; si on est seul , on redoute les em-
barras, les frais du procès, on a peur de succomber , ce qui
arrive quelquefois ; on n'attaque pas le marchand. Mais s'il a
contre lui le témoignage de toute une commune, sa condamnation est assurée.

Ce n'est pas tout : si 100 personnes , non associées , achètent
1000 hectolitres de noir-animal, il faudra 100 transactions, 100
voyages pour venir chercher le noir, par conséquent perdre 100
journées d'hommes, d'animaux, de charrettes, au lieu d'un seul
marché , d'un ou deux voyages ou journées, qui seraient nécessaires, si ces 100 personnes étaient associées. Voilà l'économie
pour les acheteurs.

Ce n'est pas tout encore : si cette association d'acheteurs avait
lieu, il n'y aurait même plus besoin de venir chercher le noir ;
le vendeur transporterait à un point central de la commune, ou
à un point rapproché de la demeure des associés, toute la four-
niture du noir à faire à l'association, et la distribution se ferait,
sur les lieux , à chacun suivant sa souscription. Il y aurait donc
encore diminution de frais de transports , d'emmagasinage , de
chargement, de déchargement, de mesurage à l'entrée, à la sortie;
il y aurait garantie de paiement pour le vendeur, puisque tous
les associés répondraient du paiement.

De tout cela, il en résulterait une réduction importante dans
le prix absolu de la vente du noir, réduction que ferait nécessairement le vendeur, et prix de revient relativement bien
moindre pour l'acheteur, qui aurait gagné beaucoup de temps
et de garanties à cette combinaison. Tous deux, vendeur et
acheteur, y gagneraient donc.

Ceci nous rappelle l'anecdote suivante. On demandait à un
paysan des montagnes du Jura, où il se fait une quantité con-

sidérable de travaux sur métaux, le prix des pelles qu'il fabri-
quait : « Entendons nous, répondit il ; moi, je les vends 16 sous
» au commerce, qui vous les fait payer 40 dans vos villes. Si
» vous trouviez moyen de mettre les fabricants en rapport
» direct avec le consommateur, vous les auriez à 28 sous, et
» nous y gagnerions 12 sous tous les deux. »

Ici, le bénéfice est encore plus grand, parce que, entre le
producteur et le consommateur, il n'y a pas l'intermédiaire du
commerçant, ce qui pourrait également avoir lieu pour la
vente du noir-animal. Mais, dans tous les cas, il est évident que,
par l'une de ces modifications dans les transactions, l'intérêt du
vendeur, producteur ou commerçant, et l'intérêt de l'acheteur
trouvent des avantages, des garanties, qu'ils ne trouvent pas
dans les ventes individuelles. L'achat en gros, et par association, est donc la meilleure garantie contre la falsification des
engrais et autres marchandises ; cela vaut mieux que tous les
arrêtés des préfets. Au reste, l'arrondissement de Fougères
est un des premiers de France, où des mesures aient été prises
contre la falsification des engrais. En 1840, nous engageâmes les
maires de l'arrondissement à prendre des arrêtés déclarant : que
tout noir-animal, qui contiendrait plus de 20 pour 100 de matières étrangères à cet engrais, serait considéré comme fraudé.
M. Martin, maire de Fougères, fit alors constater et publier
que, sur quatorze marchands de noir-animal, *trois* seulement
en vendaient qui contenait moins de 20 pour 100 de matières
étrangères ; en 1841, il prit un arrêté prescrivant aux marchands d'indiquer sur leur enseigne le nombre de parties de
noir contenues dans 100 parties d'engrais, d'après l'analyse
chimique.

En 1843, eut lieu, dans l'arrondissement de Fougères, une
amélioration, qui n'est pas sans valeur, parce qu'elle a contribué à en amener une autre plus importante : c'est la substitution
d'un rouleau-batteur, pour battre les grains, pour remplacer
le battage des grains au fléau. Les exigences des batteurs au
fléau étaient devenues telles, que les cultivateurs durent penser
à se passer d'eux : ce qu'ils firent en adoptant le dépiquage des
grains avec le rouleau-batteur en bois ou en pierre. Nous favo-
risâmes de tout notre pouvoir ce progrès dans cette opération
des récoltes, et il ne tarda pas à être suivi d'un progrès plus
grand encore. En 1846, les petites machines à battre commen-

çaient déjà à se perfectionner ; des habitants de Saint-Brice eurent l'excellente idée d'acheter de ces machines, et de les louer aux fermiers pour battre leurs récoltes. La spéculation ne fut pas mauvaise, car les premiers spéculateurs trouvèrent des imitateurs, et aujourd'hui beaucoup de fermiers de l'arrondissement ont adopté, comme très-économique, cette nouvelle manière de battre leurs grains. Il ne leur sera donc pas difficile d'adopter le nouveau progrès, qui vient de s'accomplir par l'invention de la batteuse à vapeur, qui peut battre 300 hectolitres dans un jour, moyennant le paiement en nature d'une quantité de grain qui varie de 1\12 à 1\20, ou au prix de 50 centimes par hectolitre de grain nettoyé, quand on fournit le charbon, et de 75 centimes, quand on ne le fournit pas.

Section VIII.

Association des cultivateurs pour la destruction des taupes.

Sans la solidarité des intérêts, sans l'*association* , beaucoup d'améliorations agricoles sont impossibles. A quoi me servira de détruire les chenilles , les taupes , les chardons et beaucoup d'autres plantes et animaux nuisibles à l'agriculture, si mes voisins n'en font pas autant et me renvoient la peste à mesure que je la détruis ? A rien. A quoi me servira de détruire le mauvais état de mes chemins ruraux, si mes voisins n'en font pas autant et si, par le mauvais état de leurs chemins, ils m'empêchent de passer avec la même charge, avec laquelle je circule sur les miens ? A rien. Il faut donc avoir recours à la *solidarité libre*, qui est l'*association* entre propriétaires et fermiers, pour cette destruction en commun ; ou à la *solidarité forcée* par des lois et arrêtés qui, sous peine d'amende, prescrivent cette destruction ; ou enfin à une combinaison de ces *deux solidarités libres et forcées*, dont nous donnons ci-dessous un exemple très-remarquable. C'est la solidarité forcée que nous pratiquons par l'exécution des lois et arrêtés sur l'élagage, le curage des cours d'eau, le balayage des rues, l'échenillage, l'échardonnage ; lois et arrêtés qui pourraient et devraient s'appliquer, d'une manière générale , à bien d'autres faits, à bien d'autres plantes et animaux nuisibles à l'agriculture, et qui n'auront d'efficacité qu'à la condition d'être généraux, d'être appuyés par une sanction pénale forte et appliquée rigoureusement.

La législation anglaise nous donne un bon exemple à suivre à cet égard. En Angleterre, à la réquisition du constable, on peut citer, devant les Assises, ceux qui laissent croître dans leurs champs le chardon, le pas d'âne, etc. La Cour ordonne que ces plantes nuisibles seront arrachées, et, en cas de désobéissance, le contrevenant est condamné à une amende, qui peut aller jusqu'à 252 fr. La moitié de cette amende est pour celui qui a dénoncé la contravention, et l'autre moitié pour les pauvres.

En France, nul doute que, par application des articles 1382, 1383, 1384 du code civil ; 471 et 474 du code pénal ; les lois des 24 août 1790 ; 22 juillet 1791 ; 18 juillet 1837, les préfets et les maires ne puissent prendre des arrêtés pour prescrire la destruction des plantes et animaux nuisibles à l'agriculture, et par suite obtenir la punition de ceux qui négligeraient cette destruction. Mais la peine est bien faible, elle est de 1 fr. à 5 fr. Il est vrai qu'il y a un à trois jours de prison au plus en cas de récidive ; mais pourrait-on appliquer le cas de récidive à des faits pour lesquels on ne peut pour ainsi dire pas récidiver dans l'année. En effet, beaucoup de plantes nuisibles à l'agriculture sont annuelles et ne portent tiges et graines qu'une fois en douze mois, délai dans lequel la faute et la condamnation pour cette faute doivent avoir lieu deux fois, pour qu'il y ait récidive. De telle sorte que l'on pourrait obtenir la *punition*, mais non la *destruction* de la plante nuisible. Il faudrait que le juge prononçât la punition, et en outre la destruction dans un délai de....., et la destruction d'office aux frais du contrevenant dans le cas de refus ou de négligence de sa part. Les pouvoirs du juge vont-ils jusque-là, en l'absence d'un arrêté spécial du maire ou du préfet, portant cette sanction pénale ? Dans le doute, il vaudrait toujours mieux que les arrêtés des maires et des préfets en fissent mention, comme cela a lieu dans l'arrêté suivant du maire de Langrune, que nous recommandons à la plus sérieuse attention des administrateurs et que nous croyons applicable à beaucoup d'autres faits qu'à la destruction des taupes.

Ensuite, en France, la répression de toutes ces contraventions est confiée aux maires ; ou à des gardes-champêtres communaux qui n'agissent pas ou qui ne le font qu'avec l'agrément des maires, qui sont toujours pour l'indulgence. Aussi, nous n'avons jamais eu, en France, de police rurale et nous n'en aurons jamais, tant que cette police sera confiée aux maires et aux gardes-champêtres communaux, lors même que ces derniers seraient embrigadés, comme on l'a souvent proposé. Le seul moyen d'avoir une police rurale, c'est d'améliorer l'institution de la gendarmerie, d'en multiplier beaucoup les brigades, de créer des brigades rurales de trois hommes, et de confier à la gendarmerie la répression des délits ruraux.

COMMUNE DE LANGRUNE.

Nous, Maire de la commune de Langrune,

Vu les lois des 16-24 août 1790 ; 19-22 juillet 1791 ; 18 juillet 1837 ;

Vu l'acte souscrit par la majorité des cultivateurs de la commune de Langrune, dans le but de parvenir, par voie d'association, à la destruction des taupes ;

Attendu que les taupes se sont tellement multipliées, dans toute l'étendue du territoire de la commune de Langrune, qu'on peut évaluer au 10e la perte occasionnée par leur fouille dans les récoltes de toutes natures ;

Considérant qu'il est du devoir de l'administration municipale de veiller à la destruction des animaux nuisibles, et conséquemment de protéger d'une manière efficace les efforts tentés pour arriver à ce but ;

Considérant que, par leur refus de prendre part à l'acte d'association ci-dessus visé, un certain nombre de cultivateurs en rendraient l'exécution impossible, s'ils ne pouvaient être contraints à extirper les taupes existant dans leurs champs, au moment même où les taupiers s'occuperont de leur destruction dans les champs voisins ;

ARRÊTONS :

ART. 1er. — La destruction des taupes s'effectuera, chaque année, dans la commune de Langrune, depuis le 1er mars jusqu'au 30 novembre ; elle aura lieu par les soins d'un ou plusieurs taupiers choisis par les signataires de l'acte d'association et agréés par nous. — ART. 2. Les taupiers opèreront par section cadastrale dans l'ordre qui sera fixé par le sort ; ce tirage se fera à la mairie, en présence des sociétaires ; l'ordre établi par le sort ne pourra, sous aucun prétexte, être interverti. — Art. 3. Trois jours avant celui où les taupiers devront entrer dans un nouveau dellage, le maire en donnera avis à ceux des cultivateurs non associés dudit dellage, et ceux-ci feront procéder simultanément, en ce qui les concerne, à l'enlèvement des taupes du dellage.— Art. 4. En cas de refus ou de négligence d'un cultivateur à faire procéder, comme il est dit ci-dessus, à l'enlèvement des taupes existant dans sa propriété, il y sera procédé d'office, à ses frais, par les taupiers que désignera le maire ; l'absence au jour fixé de toute personne chargée de ce travail suffira pour motiver et constater le refus. — Art. 5. Ceux des cultivateurs non associés dans les champs desquels les taupiers de l'association auraient détruit des taupes, paieront, pour toute rétribution, auxdits taupiers la somme de 1 fr. 60 par hectare, sans préjudice des poursuites encourues pour contravention au présent arrêté.— Art. 6. Les contraventions au présent arrêté seront constatées par procès-verbaux et poursuivies conformément aux lois.

Langrune, le 3 juin 1854.

Approuvé par le Préfet du Calvados le 9 juin 1854.

Section IX.

Association mutuelle contre la mortalité des bestiaux.

En 1847, nous essayâmes d'introduire, dans l'arrondissement de Fougères, une importante amélioration agricole : une association d'assurance mutuelle *communale*, contre la mortalité des bestiaux. L'initiative, de cette pensée d'association, avait été prise par la commune de St-Georges ; et, de concert avec MM. Piton du Gault, maire de cette commune, et Anjuère, vétérinaire, nous établîmes les statuts de cette association. Nous avions déjà fait imprimer en grand nombre les statuts et les polices d'assurance ; mais ayant quitté Fougères à la fin de 1847, ce projet n'a pas eu de suite. Il était basé sur ce que si, tant vaut l'homme tant vaut la terre, tant vaut la terre tant valent les bestiaux. La cotisation annuelle, dont la base était fixée, chaque année, par le conseil des directeurs, était établie sur la véritable valeur cadastrale imposable de toute l'exploitation de celui qui entrait dans l'association ; elle ne pouvait dépasser deux centimes par franc de cette valeur. Ce projet avait pour nous assez peu d'avenir , au point de vue de l'assurance, qui n'a de valeur, surtout en matière de bestiaux, que lorsqu'elle embrasse la plus grande étendue possible de pays ; mais il avait à nos yeux un autre but, que nous exposions comme il suit dans le prospectus ; exposé qui a toujours la même valeur d'actualité.

(Extrait de la *Chronique de Fougères* du 10 juillet 1847.)

« Nous sommes depuis longtemps à la recherche des moyens de relier les populations agricoles par un intérêt en même temps général, commun et particulier ; nous avons successivement invoqué l'instruction primaire , la viabilité rurale , l'instruction agricole par la propagation des ouvrages élémentaires d'agriculture et par les conférences agricoles du Dimanche , l'émulation agricole par l'association pour la distribution des primes d'agriculture.

» Sauf l'organisation des travaux de la viabilité, qui a eu un plein succès dans tout l'arrondissement , qui est entrée dans l'intelligence de toute la population , les autres moyens n'ont été compris que partiellement ; néanmoins, ils ont excité l'attention, ils ont remué bien des idées et ont certainement contribué à nous permettre de tenter aujourd'hui un nouveau moyen d'union des populations agricoles , dont la puissance peut égaler et même dépasser celui de la viabilité rurale.

» Le projet d'association mutuelle communale contre la mortalité des bestiaux, que nous avons rédigé sous l'inspiration de l'intelligente initiative de la commune de Saint-Georges , est établi sur des bases qui feront de cette œuvre une institution entièrement communale , un nouvel acte de la vie sociale des communes, analogue aux autres actes qu'elle accomplit déjà par la mairie, le conseil municipal, les élections municipales, la garde nationale, l'élection des officiers, la confection des chemins, le bureau de bienfaisance, la fabrique de l'église, les exercices du culte.

» Chaque famille est une abeille de la ruche communale, comme chaque commune est une abeille de la ruche sociale ;

plus sera grand le nombre des intérêts de toute nature de chaque famille, de chaque commune, qui seront ralliés à un centre d'action et d'organisation, qui seront unis par les liens de la solidarité, de la hiérarchie, plus la vie, plus la prospérité de la famille, de la commune et de la société se développeront, plus l'ordre public et la liberté seront garantis.

» Pour assurer le développement des intérêts moraux et intellectuels des sociétés, il faut avant tout assurer le développement de leurs intérêts matériels. Ventre affamé n'a ni cœur, ni oreilles. Misère engendre tricherie. Si l'on veut que les semences morales et intellectuelles viennent bien, il faut les semer en sol riche et bien préparé.

» Il ne faut pas séparer ce que la providence de Dieu a réuni ; l'homme ne vit pas seulement de satisfactions morales et intellectuelles, il vit aussi de pain, de bien-être matériel avant tout, et c'est faire fausse route que de s'occuper trop exclusivement d'un des intérêts qui constituent la vie des sociétés à l'exclusion des deux autres.

» Les intérêts matériels les plus dignes d'attention sont, à nos yeux, ceux qui ne peuvent être satisfaits que par la mise en pratique des deux autres intérêts, tels sont ceux qui demandent intelligence et surtout charité, qui par cela même tendent à rapprocher les familles, les communes les unes des autres, par les liens de la mutualité, de la solidarité, et, pourquoi ne pas le dire puisque c'est la vérité, par les liens de la charité chrétienne. Pour changer de nom, les choses ne changent pas d'origine, et le principe fondamental du christianisme : « AIMEZ-VOUS LES UNS LES AUTRES, » renferme en germe toutes les institutions d'association pour secours mutuels, et toute œuvre d'association de secours mutuels, quel qu'en soit le but, est toujours une œuvre qui répond à tous les besoins essentiels de l'homme et de la société.

» L'union des familles d'une commune pour un besoin commun, fera naître la pensée d'autres besoins communs non satisfaits, fera voir la nécessité d'établir cette même union des familles pour la satisfaction de ces autres besoins communs. Mais tout cela ne saurait venir vite, parce que rien ne va vite quand il s'agit d'institutions nouvelles, qui, pour devenir stables et progressives, ne doivent s'étendre que par une évolution lente et régulière.

» Ainsi le système d'organisation des travaux de la vicinali-té, qui, en neuf années, a créé dans l'arrondissement un réseau de 75 lieues de bons chemins vicinaux, ne s'est développé que peu à peu, n'a été étendu à toutes les communes que succes-sivement, et n'a pas été également bien compris de suite par toutes les communes. Maintenant ce système a démontré à tous la puissance de l'association, de la direction centrale des forces de la prestation en nature ; ces travaux ont créé entre les habi-tants de chaque commune et des communes voisines un lien de solidarité : tous ont compris qu'il fallait, chacun à son tour, travailler les uns pour les autres, même de communes à com-munes ; qu'à ce prix seulement l'on pouvait promptement jouir d'une bonne viabilité générale, et chacun a pris le plus grand intérêt aux travaux des chemins de sa commune et de ceux des autres communes.

» Aussi les habitants disent avec raison nos chemins, car ils les ont réellement faits dans toutes leurs parties, et, sous tous les rapports, les chemins vicinaux ainsi faits nous parais-sent bien préférables aux chemins confectionnés par des en-trepreneurs. Supprimez la prestation en nature et vous sup-primez un des actes qui, aujourd'hui, constatent le plus la vie de la commune. Loin donc de penser à supprimer la prestation en nature, vu l'impuissance dont quelques-uns l'accusent, il faut, au contraire, lui donner toute sa valeur en l'employant convenablement ; l'impuissance de cette force venant unique-ment de la manière imparfaite dont on l'applique.

» On ne saurait trop multiplier le nombre de ces actes, où tous les habitants d'une commune ont un intérêt général et particulier : l'association mutuelle communale contre la mor-talité des bestiaux est de ce genre. Outre l'importance d'intérêt général qu'offre cette institution, elle est peut-être le plus grand encouragement que l'on puisse accorder à l'agriculture, par la confiance, la sécurité qu'elle donnera aux laboureurs, qui craindront beaucoup moins d'avoir des bestiaux d'un prix élevé. Le lien que cette association établira entre les cultivateurs sera aussi un premier jalon pour l'organisation de l'agriculture et pourra faire naître d'autres applications des idées si fécondes de l'association.

» Ainsi, qui empêcherait tous les cultivateurs assurés de Saint-Georges, d'acheter entr'eux un taureau d'un prix élevé, un taureau communal, qui serait uniquement consacré aux besoins des assurés. Qui les empêcherait de s'entendre entr'eux, pour n'avoir bientôt que des vaches laitières de premier choix, en se mettant au courant des remarquables études de M. Guenon, pour reconnaître les bonnes bêtes laitières dès les premiers mois de leur vie ; en s'associant pour donner une indemnité à celui qui sacrifierait tout animal reconnu médiocre pour la production du lait ? Avec une pareille organisation de garantie, les bestiaux de Saint-Georges ne tarderaient pas à acquérir une grande valeur commerciale. Nous pourrions multiplier beaucoup les indications du même genre. »

Nous venons de parler de la méthode Guenon, à propos de laquelle nous proposions une association aux agriculteurs de St-Georges. Ce n'était pas la première fois que nous signalions cette méthode aux cultivateurs ; dès 1838, nous avions attiré leur attention sur l'importance de cette découverte, et, en 1841, nous adressions l'ouvrage de M. Guenon à la Selle-en-Cogles, à la bibliothèque agricole des comices communaux. En 1843, M. Guenon fit à Rennes des expériences satisfaisantes sur sa méthode, mais on n'a donné aucune publicité agricole à ce fait. En 1851, nous avons de nouveau recommandé l'étude de la méthode Guenon et engagé les comices de Fougères à ne plus primer que les animaux de l'espèce bovine, portant les signes des bêtes laitières de premier ordre ; en 1852, nous avons répandu dans le pays 120 exemplaires de l'*Abrégé du Traité des Vaches laitières* de M. Guenon, et 1,100 exemplaires d'une notice détaillée, que nous avions rédigée sur le système Guenon, et nous avons mis à la disposition de la société d'agriculture de Fougères une somme de 100 fr., qui a été distribuée, au concours de septembre 1852, aux animaux présentant les signes de la meilleure production du lait, selon le système Guenon. Depuis son concours de décembre 1852, le comice de Rennes prend aussi les signes Guenon en grande considération, dans l'appréciation de la race bovine.

Section X.

Association pour la production agricole.

MAISON RUSTIQUE DU 19ᵉ SIÈCLE. — FRUITIÈRES DU JURA. COMMUNAUTÉS NIVERNAISES. — LES ONZE MAITRES DE BRIÈRE.

Dans la *Chronique de Fougères* du 25 avril 1837, nous insérions ce qui suit , sur l'association des auteurs de la *Maison rustique du 19ᵉ siècle* et sur celle des cultivateurs de la Suisse, du Jura, du Doubs , pour la fabrication du beurre et du fromage :

« Rien n'est plus digne des hommages de tous les hommes, rien de plus noble et de plus grand que l'agriculture, non pas celle des siècles passés, souffreteuse et mesquine, garrottée par la misère, égarée par la routine, l'égoïsme et l'ignorance ; mais cette culture de l'avenir, libre , savante, puissante par les efforts unanimes et combinés de toutes les populations.

» Ces temps heureux semblent encore loin de nous, et la conquête glorieuse du globe peut nous paraître un rêve, à nous témoins de tant de combats isolés, dans lesquels d'énergiques efforts, de savantes théories s'épuisent contre les puissants et nombreux ennemis que la nature, les vieilles habitudes, les lois elles-mêmes suscitent à ceux qui veulent dompter la terre.

» Notre sol si varié, si riche, si fertile, sous la couche de stérilité et de misère que la routine et l'ignorance ont laissé durcir à sa surface, attend toujours les bras, les intelligences, les capitaux qui doivent en extraire les richesses qui y sont enfouies. Mais déjà l'agriculture a reçu sur quelques points de la France des développements remarquables, signes évidents de sa grandeur future, arguments puissants contre les prétendues impossibilités de la conquête, qui peut aujourd'hui être tentée avec une juste confiance dans le succès ; mais à la condition que toutes les forces seront combinées, tous les efforts unanimes, toutes les volontés tendues vers le même but.

« Toute puissance est faible à moins que d'être unie. »

» Cette vérité a reçu une belle application dans la publication de la *Maison rustique du 19ᵉ siècle,* due à la réunion des plus savants agronomes. Si, au lieu de s'associer, chacun des hommes compétents, qui ont contribué à composer cette encyclopédie agricole, eût fait un traité séparé, l'influence de ces travaux incohérents, isolés, eût été nulle, si on la compare à celle que peut exercer la publication la plus complète, la mieux conçue et la mieux exécutée, qui ait eu lieu jusqu'à ce jour pour propager la science agricole.

» L'agriculture est désormais une science trop vaste pour pouvoir être enseignée par un homme seul, d'autant plus que les connaissances purement agricoles ne sont aujourd'hui qu'une partie du savoir indispensable pour tirer tout le parti possible d'une exploitation rurale. Plusieurs produits naturels ont de tout temps été convertis dans la ferme en produits industriels ; cette branche de travail prend de nos jours un accroissement considérable, plus que jamais l'industrie tend à s'associer à la culture : nouvelles études à faire. Quel est donc l'homme qui pourrait réunir, à la science si difficile du pur cultivateur, la connaissance des fabrications variées qui se joignent et qui devront se joindre à une exploitation rurale ? S'il est impossible de trouver un homme qui possède toutes ces connaissances théoriques, comment en rencontrer un qui puisse les traduire en pratique et montrer une égale habileté comme cultivateur, fabricant et commerçant ? Il est donc évident que si la meilleure et la plus complète exposition théorique de l'agriculture nous est donnée par *association*, c'est, à plus forte raison, par *association* que doivent procéder ceux qui voudront appliquer ces enseignements ; et que plus la science agricole deviendra compliquée, plus la nécessité de sortir des efforts solitaires et impuissants de la propriété individuelle se fera sentir.

» L'extension donnée par la *Maison rustique* à la partie qui traite des cultures industrielles et des arts agricoles, est un témoignage de l'importance de cette branche de travail et de la tendance industrielle de l'agriculture.

» L'industrie agricole est contemporaine de la culture de la terre : le lait, le chanvre ne deviennent-ils pas, par le travail des cultivateurs, beurre, fromage, fil ? Aussi quand nous vantons les tendances nouvelles de l'agriculture, nous n'entendons pas seulement parler des nouveaux produits industriels-agricoles, mais nous signalons également le mouvement qui porte les cultivateurs vers une fabrication plus large et plus méthodique des anciens produits, en répudiant la routine et l'*isolement*, et en s'aidant de tous les procédés et instruments nouveaux. Toutes les grandes exploitations sentent aujourd'hui le besoin et l'avantage de joindre un art agricole à la culture proprement dite, surtout à l'égard des produits naturels, qui peuvent être immédiatement convertis en produits industriels, sur le sol qui les a portés, et par les bras mêmes qui les ont cultivés. Le bénéfice que le sol en reçoit est immense. Aussi l'emploi de la betterave pour faire du sucre a rendu et doit rendre à l'agriculture un service incalculable, en permettant de consacrer à cette racine plus de terrain qu'on ne pouvait le faire lorsqu'elle ne servait qu'à la nourriture du bétail : il en est de même de la pomme de terre. En vain les agronomes conseillaient-ils la culture de ces deux plantes à titre de *récoltes sarclées*, les résultats combattaient la théorie, souvent ces deux produits portaient la nourriture du bétail à un prix trop élevé; mais, par suite de leur conversion en sucre, fécule, gomme, etc., la fabrique a pu les payer plus que la ferme, leur culture a cessé d'être onéreuse en même temps que le sol se bonifiait. La grande culture a donc trouvé un avantage évident à cette combinaison des deux ordres de travaux agricoles-industriels, avantage qui peut aussi s'étendre à la petite culture. Ce serait déjà beaucoup pour elle de trouver une vente plus facile et plus avantageuse de ses produits auprès du fabricant, mais elle peut aussi participer aux bénéfices de leur conversion en produits industriels. L'emploi des appareils dispendieux de la fabrication en grand portera les petits cultivateurs à s'associer pour la création d'une usine commune et la formation d'une société de participation, à laquelle ils livreraient des quantités et qualités constatées des matières premières; ils arriveraient ensuite au partage des bénéfices sur les produits fabriqués, en proportion de leurs fournitures, déduction faite des frais de fabrication. Nous entendons déjà le grand mot des Français : *impossible, bon en théorie, mauvais en pratique ;* absurde contradiction : si la théorie est bonne, la pratique ne saurait être mauvaise. Mais il y a une excellente réponse à ces impossibilités, c'est que ce mode d'association existe depuis longtemps dans les fruitières de la Suisse et du Jura, du Doubs, pour la fabrication du fromage dit de Gruyère.

(*Maison rustique*, t. 2, p. 57.) « Les habitants des parties

» montueuses de la Suisse ont imaginé et perfectionné des
» espèces de sociétés entre cultivateurs. qui s'associent pour
» apporter tous les jours dans une laiterie commune le lait
» produit par leurs troupeaux, et faire transformer ce lait en
» beurre, fromage et serai. Ces sociétés. qui sont connues sous
» le nom de *fruitières*, ont été également établies dans les
» villages de la plaine, et se sont introduites en France dans
» quelques cantons voisins de la Suisse, où elles se sont
» promptement multipliées.

» Dans les fruitières suisses , chaque associé apporte soir et
» matin son lait à la laiterie commune ; le fruitier le mesure et
» tient note de la livraison sur un bâton fendu en deux, dont
» une moitié reste à la fruitière et l'autre est emportée par
» l'associé. A la fin du mesurage de la seconde traite, le
» fruitier additionne les livraisons de chaque associé; celui qui
» a livré le plus de lait a le produit en fromage de la fabrication
» de ces deux traites. On additionne toutes les livraisons, on
» soustrait de cette somme le lait fourni par celui qui a eu le
» produit. et il doit le reste à la société. Chaque jour le lait
» qu'il apporte est reçu en déduction de sa dette, et lorsqu'il a
» payé cette dette, il redevient créancier de la société. Sa
» créance s'augmente tous les jours de chacune de ses livrai-
» sons, et le jour où sa créance est plus forte que celle d'aucun
» des autres associés, il a de nouveau le produit de la fruitière,
» et ainsi de suite, chaque associé étant alternativement débi-
» teur et créancier de la société, et celle-ci cheminant en
» payant chaque jour son plus gros créancier. »

» Suivent les détails assez longs sur ce mode de comptabilité,
sur l'acte de société, le règlement, le fruitier et les avantages
des fruitières, etc. ; l'article se termine par les réflexions suivantes : « Ces associations, qu'il serait à désirer de voir éta-
» blir dans un grand nombre de cantons de France, ont aussi
» pour résultat de faire participer la plus minime quantité de
» lait aux avantages des manipulations en grand, de convertir
» les produits des troupeaux en un comestible d'un transport
» et d'une vente faciles, de débarrasser du soin des laiteries,
» de laisser beaucoup de temps aux autres travaux de la ferme,
» d'augmenter le nombre des vaches, de provoquer des pro-
» grès sensibles dans tous les genres de culture, enfin de pro-

» curer des gains considérables par la qualité supérieure des
» produits qu'on y fabrique. »

» N'est-ce pas là un bel effet de l'association dû au seul instinct de l'intérêt? Eh bien! pourquoi ce qui se passe dans les
fruitières ne s'étendrait-il pas à tous les produits naturels que
le laboureur convertit de suite en produits différents, et à divers
genres de productions et même de consommations, à la vente
de beaucoup de menus objets. L'opportunité et les bons effets de
ce genre d'associations se feront d'autant mieux sentir que
l'opération industrielle exigera plus de capitaux pour le premier
établissement, plus de soins pour la bonne confection du produit nouveau. Des huileries, des sucreries, des féculeries, des
fabriques de sirops, des machines à battre, *des maisons de
louage d'instruments perfectionnés d'agriculture peuvent se
monter sur ce modèle*, et faire participer la culture aux bénéfices de la fabrique et des machines perfectionnées. Pourquoi
cette méthode ne s'appliquerait-elle pas à la fabrication des
boissons? Les raisons qui justifient si bien la constitution des
fruitières s'appliqueraient également à toutes ces industries
diverses. Ce premier germe une fois fécondé, l'intérêt se char-
gerait de le développer encore, des branches nouvelles sorti-
raient du tronc commun, et la faible plante deviendrait un
arbre puissant.

» Des faits de ce genre, qui vont droit à l'augmentation de la
richesse sociale, nous paraissent dignes d'une attention sérieuse
de la part des hommes sincères de tous les partis, qui, grâce
à Dieu, désertent chaque jour le champ stérile de la politique
aux idées creuses, qui n'ont jamais produit que le désordre,
pour se placer sur le terrain pacifique et fécond des améliorations sociales. »

M. Basset, *Organisation de l'Industrie agricole* (1855),
cite le fait suivant:

« Une commune, possédant en superficie une contenance de
dix-huit cents hectares, ne recueillait pas, à beaucoup près, la
quantité de céréales nécessaire à la subsistance de ses habitants.
Ils jachéraient le tiers de leurs terres et cultivaient les deux
autres tiers, soit *douze cents* hectares en céréales. On y intro-
duisit l'industrie de la fabrication du fromage *par association*,
par l'organisation d'une *fruitière*, comme annexe de l'agricul-

ture ; bientôt tout changea de face. Aujourd'hui , sur les dix-huit cents hectares, *cinq cents* seulement sont consacrés à la culture des céréales, et les habitants en récoltent au-delà de la quantité qui leur est nécessaire, ce qu'ils ne pouvaient faire précédemment avec *douze cents hectares* , en jachérant. Le reste de leurs terres est consacré à la culture des plantes-racines, à des fourrages artificiels, ce qui leur permet de nourrir un nombre considérable de vaches laitières , qui fournissent à leur industrie la matière première , leur donnent des quantités énormes de fumier et en outre peuvent être vendues pour la boucherie, quand elles atteignent à un certain âge; sans parler des veaux, qui sont aussi la source d'un revenu important. Cette commune se trouve donc enrichie ; son agriculture est complètement régénérée , métamorphosée par le seul fait de l'association des cultivateurs et de l'adjonction d'une branche industrielle agricole. La misère y est complètement détruite, et l'on n'y connaît plus de pauvres. »

Ces associations , dites *fruitières*, pour la fabrication du beurre et du fromage en commun , se répandent de plus en plus. D'après le journal *la Vie des Champs*, en Allemagne, sur les bords de la Moselle, les vignerons commencent à établir des sociétés analogues , pour la fabrication du vin et la vente de ce produit en commun. Les avantages présentés par les fruitières, qui permettent de réaliser 80 pour 100 sur les frais de main-d'œuvre et affranchissent les éleveurs des exigences des inter-médiaires improductifs, existent également pour les viticulteurs d'Outre-Rhin.

Il vient, en 1855, de se former une semblable association dans la commune de Neckarsulm (Wurtemberg). Le but est , comme sur les bords de la Moselle , de réunir les produits de tous les associés, afin de les traiter en masse dans le même local et d'en confier la vente à une seule et même personne. Les vins, au lieu d'être manipulés plus ou moins mal , par chaque propriétaire isolément, le sont avec art par des hommes instruits. De là amélioration des produits, qui , par suite, se placent à des prix élevés.

Dans le Wurtemberg, ce n'est pas le jus qu'apporte chaque associé, mais le raisin en nature. On fixe le jour de la cueillette, et celui de la livraison des produits ; la récolte se fait successivement, à mesure que le raisin mûrit sur pied ; cela vaut mieux

que d'apporter le jus à la fruitière : son extraction est plus parfaite, quand on opère sur des masses avec des appareils perfectionnés, que lorsque chaque propriétaire opère isolément, et il
y a économie d'acquisition de tout appareil, ustensile, tonneau.
Les raisins une fois livrés, leur poids noté, chaque associé n'a
plus qu'à attendre, sans se déranger, la part proportionnelle qui
lui revient de la vendange des produits, et même, dans le Wurtemberg, on lui fait des avances, qui peuvent s'élever jusqu'à
la moitié du prix de livraison.

En 1841, nous avons également rapporté, dans la *Chronique
de Fougères* (1), d'autres exemples d'association agricole : la
communauté des Lejault ; la ferme dés onze frères de Brière.

Il y avait autrefois, dans le Nivernais, beaucoup de communautés agricoles, ou de familles réunies pour l'exploitation des
terres en commun ; ces communautés se sont successivement
dissoutes : il n'existe plus aujourd'hui que celle des Lejault,
commune de Saint-Benin-des-Bois, département de la Nièvre.
Elle se compose de trente-six personnes, hommes, femmes et
enfants, formant plusieurs familles, demeurant toutes ensemble, chaque ménage ayant sous le même toit sa chambre sépa-
rée, son domicile particulier, mais vivant au même pot et sel.
Cette communauté existe depuis environ 500 ans, elle remonte
par titre au-delà de l'an 1500. Cette propriété, qui s'est maintenue,
depuis ce temps, dans la famille des Lejault, s'est accrue successivement et forme aujourd'hui un domaine d'une valeur de
plus de 200 mille francs, malgré les dotes payées aux femmes,
qui ont quitté la famille. Ces anciennes communautés nivernaises, dit M. Dupin, constituent une personne civile, comme
un couvent qui se perpétue par la substitution des personnes,
sans qu'il en résulte d'altération dans l'existence même de la
corporation, dans le gouvernement des choses qui lui appartiennent. Dans l'origine, le maître de la communauté fut le père
de famille, ensuite son fils et ainsi de suite, tant que l'on put
distinguer un aîné de la capacité convenable ; plus tard, on a
choisi le plus capable parmi les hommes faits, pour diriger les
affaires, et la femme la plus entendue, pour présider aux soins
du ménage. Le régime de cette maîtrise domestique est fort

---

(1) *Chronique de Fougères,* 18 mai, 8 juin, 14 juin 1841.

doux, le commandement y est presque nul ; chacun connaît son ouvrage et le fait. Il est sans exemple qu'un seul membre de cette communauté ait été condamné pour un délit ; les mœurs y sont pures ; cette famille est très-charitable ; tout y prospère.

Dans la commune de Brière, canton de Limours, arrondissement de Rambouillet, les onze frères B... restèrent, il y a peu d'années, orphelins avec quelque fortune ; leurs trois oncles administrèrent *unitairement* la succession et si bien, qu'à leur majorité, les frères B... n'ont pas réclamé leur indépendance, et qu'aujourd'hui encore (1841) la succession demeure *indivisée*. Toutes les terres sont régies en commun, d'après l'avis des trois oncles ; les cultures se distribuent, selon la qualité, l'exposition des terres ; les produits surabondants d'une ferme suppléent à tout ce qui manque dans une autre : il règne dans cette exploitation, ainsi combinée, une variété raisonnée et enchaînée de cultures, que l'on ne trouve ordinairement qu'au sein des grands domaines réunis dans la main d'un seul propriétaire. Et cependant les frères B.. n'ont pas continué à vivre en commun ; chacun s'est établi sur une petite ferme, plusieurs même se sont mariés ; mais ce nouveau lien n'a pas détruit les premiers, et ce qui prouve que, le partage des produits fait, chacun des associés est content de son lot, c'est que l'association prospère, se maintient, que la propriété des onze frères s'arrondit tous les jours.

Eh bien, dans toutes les communes de Brière, de Beauregard et à dix lieues à la ronde, on admire les frères B....; presque tout le monde les envie, mais personne ne songe à les imiter ; on voit le bien, ses effets, on n'en comprend pas la cause, l'origine : tout cela faute d'instruction, faute de savoir ce que c'est que la puissance de *l'association*, véritable protée qui, comme on le voit, se prête à toutes les combinaisons (1).

C'est ainsi que l'association reparaît encore avec sa puissance dans la question de l'augmentation de la production des terres, par l'opération du drainage, surtout de la manière dont cette opération a été comprise par les Anglais. Ils ont vu, tout d'abord, que le drainage doit être et ne peut être qu'une opération d'ensemble, dans laquelle tous les héritages voisins sont soli-

____

(1) *Chronique de Fougères*, 15 avril 1841.

daires, qui le plus souvent ne peut se faire pour un seul héritage et sans être prolongée sous les champs voisins, autant que
la nécessité s'en fait sentir. Aussi ont-ils tranché la question
dans le vif, comme cela existe déjà chez eux pour les réunions
de territoire, ayant pour but de diminuer les inconvénients du
trop grand morcellement des terres et de l'enchevêtrement des
parcelles de terre. Voici les principales données qui ont été
adoptées pour le drainage :

Si les propriétaires, de la *moitié des terres* comprises dans
une certaine étendue de terrain, veulent drainer, ils adressent
leur demande au shérif, qui la fait examiner; la rend publique;
reçoit les oppositions ; les juge; nomme des commissaires ayant
tout pouvoir pour lever les plans, estimer chaque pièce de terre,
emprunter l'argent nécessaire pour l'exécution des travaux,
les faire exécuter, les pousser à 1,600 mètres du pourtour des
terres à drainer, s'il est nécessaire ; *répartir* la somme dépen-
sée entre toutes les terres drainées, eu égard à l'*augmentation*
que chacune a reçue de l'opération.

Il n'y a pas de *servitude de souffrir* tel ou tel travail pour
l'écoulement des eaux, mais *obligation de souffrir le drainage dans son ensemble, et de le payer en proportion de la
plus-value.*

Pour que rien ne s'oppose à l'entreprise de ces travaux, les
tuteurs sont autorisés à *grever* les biens des mineurs, pour que
le drainage puisse s'appliquer à leurs biens ; et, dans un pays
où la propriété est si sacrée, la loi permet aujourd'hui, moyennant une très-faible indemnité, de faire passer les drains sous
les terrains qui ne vous appartiennent pas.

Voilà la solidarité, l'association forcées, légalement inaugu-
rées en Angleterre, comme nous voudrions les voir établies en
France. Ce n'est pas tout-à-fait ce que nous ont donné nos lois
sur l'irrigation et sur le drainage ; mais ce que le législateur ne
sait pas faire, nous ne désespérons pas de le voir s'établir par
l'association volontaire des habitants et l'appui d'un arrêté de
maire, comme nous l'avons vu pour la destruction des taupes.

Section XI.

Association pour la destruction du morcellement et de l'enchevêtrement des terres (1).

« Par un meilleur arrangement de la surface des fermes, on » peut en quelque sorte doubler le sol de la France » (et par conséquent tripler ses revenus). Telles sont les paroles, qu'écrivait en 1806 François de Neufchâteau, l'ancien ministre agriculteur de l'Empereur, dans l'épitre dédicatoire de son *Voyage agronomique dans la Sénatorerie de Dijon* (2), ouvrage dans lequel il signalait cette plaie de la division du sol, en parcelles de plus en plus minimes, et la désunion de ces parcelles, comme un des principaux obstacles qui s'opposent, en France, aux progrès de l'agriculture. En 1808, ces idées fixèrent l'attention de plusieurs des commissions agricoles, formées pour l'examen du projet du code rural ; en 1814, M. de Verneilh, chargé de la révision du projet de ce code, formula ces idées, dans le titre 7, chapitre 4, intitulé : *Du trop grand morcellement des propriétés et de la réunion des propriétés morcellées* ; articles 662 à 675. Nous ne citerons que les trois premiers articles ; les autres sont relatifs aux formalités à remplir pour la réunion des propriétés trop morcellées et leur division nouvelle.

§ 1er.

Art. 662. — Dans les partages des successions, qui s'ouvriront à l'avenir, les biens ruraux, au-dessous d'un *maximum* déterminé de superficie, ne seront plus susceptibles de division, et devront être licités conformément à l'article 827 du code civil. La quotité de ce maximum sera fixée tous les dix ans par les préfets, sur l'avis des conseils généraux du département, après avoir entendu les conseils d'arrondissement et ceux des communes. Elle ne pourra être au-dessous d'un huitième d'hectare (12 ares 5 centiares). Ou la jouissance en aura lieu par indivis, par

---

(1) *Chronique de Fougères*, 13 juillet 1841.

(2) A Paris, chez M. Huzard, libraire.

alternat de récoltes, ou en vertu de partages périodiques, suivant ce que la majorité dès intéressés décidera.

Art. 665. — Seront exceptés de cette disposition les bâtiments destinés à l'habitation, ainsi que les terrains situés dans l'enceinte des bourgs, villages, hameaux, comme jardins, vergers et autres semblables, situés près des habitations, ou qui peuvent être utiles soit pour construction, soit pour les usages domestiques.

§ 2e.

Art. 664. — Lorsque dans un finage, ou territoire, les propriétés rurales d'une même nature, ou susceptibles d'une même culture, seront morcellées et entremêlées, il pourra être procédé à une division plus convenable de ces héritages, pour l'avantage commun des différents propriétaires, sur la demande des *deux tiers* au moins d'entre eux, calculés d'après l'étendue de leurs propriétés respectives dans le finage.

Les cens ou fermes d'un seul contenu, les bâtiments, les jardins et enclos y tenant, seront toujours exceptés.

Le gouvernement pourra ordonner cette nouvelle division pour le plus grand avantage de l'agriculture, selon qu'il y aura lieu.

En 1825, dans un mémoire à la société d'agriculture de Nancy (*Annales de Roville*, tome 1er), Mathieu Dombasle a traité historiquement, et discuté d'une manière victorieuse, cette importante question des réunions territoriales ; il a signalé les idées de François de Neufchâteau, comme les seules capables de combattre efficacement « un des principaux obstacles, qui s'opposent à la propagation du perfectionnement de l'industrie agricole. » Et cependant, jusqu'ici, on n'a encore rien fait, en France, pour réaliser ces idées si justes.

On parle beaucoup de défrichements, de colonies, d'établissements agricoles intérieurs et extérieurs, de banques, de comptoirs, comices, concours, sociétés agricoles, etc. : ce sont sans doute de très-bonnes institutions, que l'on ne saurait trop propager, multiplier, perfectionner ; mais ce sont des institutions fragmentaires, locales, secondaires, qui détournent l'attention des institutions unitaires, générales, fondamentales, telles que celles dont nous parlons dans tout ce chapitre 8, et beaucoup d'autres , telles qu'un système général d'irrigation , de reboisement et de plantation des landes indéfrichables à toujours. C'est ainsi qu'on oublie que, même avant 1789 et surtout depuis, le sol va se divisant, se subdivisant de plus en plus ; que, en outre, toutes ces parcelles minimes de terre se mêlent, s'enchevêtrent d'une manière de plus en plus inextricable ;-que, par là, l'étendue du sol labourable et productif diminue chaque année, et on ne pense pas à y porter remède.

Sans exagérer cet état de choses, qui est loin d'être général, il est cependant certain que, dans quelques localités, on a déjà de la peine à retrouver sa propriété, au milieu du cahos, que forment les innombrables parcelles de terre; que on ne peut plus lever, à l'échelle ordinaire, le plan cadastral de ces parcelles si petites, si étroites, parce que les lignes du plan se confondent; que le cadastre figure un grand nombre de parcelles de 2, 3, 4 et 5 ares; qu'une chambre appartient à 10 et 20 personnes ; que la perception de la contribution foncière devient de plus en plus difficile ; qu'il y a des cotes inférieures à 5 centimes, le prix de l'avertissement. Quoique la division du sol ne soit pas extrême encore, cependant la grandeur moyenne des parcelles est, en France. de 43 ares ; il y a 52 départements où elle est au-dessous de 50 ares ; 14 où elle est au-dessous de 30 ares, et 9 où elle est au-dessous de 25 ares ; elle tombe à 18 ares dans le département du Bas-Rhin. Sans doute, il faut tenir compte des propriétés bâties, qui entrent dans ces chiffres; mais il faut aussi tenir compte de la division qui a augmenté depuis les opérations cadastrales ; on n'en connaît pas le chiffre ; si, dans quelques localités, ce chiffre diminue. cette diminution ne balance pas, à beaucoup près , le chiffre des augmentations.

Là où existe ce morcellement indéfini du sol, ce pêle-mêle de parcelles tombées dans un véritable esclavage et bientôt frappées de stérilité, il ne faut plus penser aux améliorations, aux perfectionnements réels et généraux , aux institutions énumérées ci-dessus, qui ne peuvent plus servir à rien. La très-petite propriété ne saurait les utiliser, ni se servir des instruments perfectionnés. Dans ses mains, l'agriculture rétrograde nécessairement; la bêche remplace la charrue, la force de l'homme se substitue à celle des animaux pour tous les travaux ; la vache devient la seule mécanique à engrais ; la culture des fourrages, matière première des fumiers, qui donnent tout, va toujours en diminuant, parce qu'il faut tirer du sol, par des productions qui se renouvellent souvent, de quoi nourrir la famille, qui va toujours croissant. La vache elle-même disparaît bientôt : le travail et l'engrais du ciel est presque le seul engrais que l'on rende à la terre, à laquelle on demande sans cesse. Par là, le sol s'épuise progressivement, marche à la stérilité, le produit des récoltes diminue chaque année ; la famille ne meurt pas de faim subite, mais, ce qui est pire, par suite d'une alimentation insuffisante et mauvaise, elle souffre et dégénère. Aux habitants où la terre est morcellée à l'excès, il ne reste que la ressource de l'émigration: comme cela arrive déjà dans l'Alsace et sur les bords du Rhin; ou la ressource de l'abandon de la culture, de la misère des campagnes pour la misère des villes.

Ainsi, avec la très-petite culture : 1° diminution de la production des fourrages, qui amène diminution de la production en chevaux, bœufs, vaches, porcs, moutons, ces machines à engrais, viande, lait, graisse, laine, cuirs, etc., augmentation du prix de tous ces objets ; 2° augmentation de la culture des plantes (chanvre, lin, pomme de terre, céréales), qui demandent le plus d'engrais, qui en produisent le moins. Par ces deux causes, diminution toujours croissante des fourrages, des céréales, des animaux, les seuls éléments de la nourriture des animaux et de l'homme, les matériaux de l'engrais, du travail, de toutes les véritables sources de la fertilité.

Là ne se bornent pas les inconvénients du morcellement du sol et de l'enchevêtrement des parcelles, qui en est la conséquence. Ces deux faits occasionnent, en outre, une perte considérable de temps et de terrain, par les courses qu'il faut faire, pour se rendre d'une parcelle à l'autre; par les talus, les fossés, les chemins, qui bordent quelquefois les parcelles. Ils entravent la liberté des cultures et les progrès de l'agriculture, surtout dans les pays de vaine pâture, en forçant tous les cultivateurs d'adopter les mêmes assolements; dans les pays où les terrains sont clos, en amenant tous les propriétaires à planter, sur tous les talus des parcelles de terre, de grands arbres, qui privent les récoltes de soleil ; dans tous les pays, en entravant l'usage des cours d'eau pour l'irrigation. Ils sont la cause de dégradations de propriétés, de récoltes, de querelles entre voisins pour anticipation, et de dommages divers ; de difficultés, de procès de toute espèce, pour la jouissance des cours d'eau.

Si telles sont les conséquences désastreuses du système de morcellement du sol, connaissant bien le mal par ses effets et par sa cause, il doit paraître facile d'entrevoir la voie des remèdes, de trouver ces remèdes; car une question bien posée est une question presque résolue. Eh bien, ces remèdes sont trouvés, il y en a plusieurs : ce sont l'association sous toutes ses formes, l'application des articles 662 du projet de code rural dont nous avons cité des exemples pratiqués, dans la communauté des Lejault, dans la jouissance indivise des onze maîtres de Brière; c'est l'application des articles 664 à 675 du même projet de code rural, application qui est mise en pratique, depuis des siècles, dans divers Etats. Applications, remèdes qui prouvent que, pour augmenter le sol cultivable, la production, mettre ces choses en rapport avec l'accroissement de la population, il n'est nul besoin d'avoir recours aux défrichements, à la colonisation, qui, il faut le répéter sans cesse, sont les derniers mots de l'agriculture. A quoi bon, lorsqu'en mettant fin à la division du sol, on peut doubler le sol cultivable de la France, on peut en moitié moins de temps et avec moitié moins d'argent que par des défrichements, augmenter de plus du triple les revenus du pays, surtout en se rappelant ce que nous avons dit des fourrages, des fumiers, etc.

A en croire quelques personnes, le code civil serait la seule cause de la division de la propriété ; il n'en est rien. Depuis très-longtemps, on a reconnu, bien ailleurs qu'en France, tous les inconvénients pour l'agriculture de la division et de la désunion du sol. Depuis près d'un siècle, et même bien avant, dans plusieurs Etats de l'Europe, à Berne (Suisse), dès 1591 ; en Ecosse, en 1695 ; en Angleterre ; en Suède ; en Danemarck; en Prusse ; en Bavière ; en Autriche, on a apprécié l'importance de ces réunions territoriales forcées, que leur législation autorise. Dans des provinces entières du Danemarck, presque toutes les communes jouissent déjà des bienfaits de cette opération. Dans la Prusse, l'Autriche, la Bavière, la Suède, les réunions forcées s'exécutent tous les jours, dans les formes déterminées par les lois.

D'après un *bill* rendu en Ecosse en 1669, la réunion territoriale s'opère dans toute la paroisse sur la demande *d'un seul* propriétaire. Cette loi est une des principales causes de la *su-*

périorité très-marquée de l'agriculture écossaise sur celle de l'Angleterre ; où il s'opère aussi beaucoup de ces réunions forcées, quoique la législation leur soit moins favorable qu'en Ecosse, ce dont on *se plaint beaucoup* en Angleterre.

En France même, ces réunions ont été appliquées à quelques territoires. En 1707, la commune de Rouvres, en Bourgogne, contenant 300 propriétaires, 4,000 arpents divisés en un nombre infini de parcelles, distribue volontairement toutes ces parcelles sur un plan régulier, en 400 pièces de terre aboutissant toutes à deux chemins. En 1771, Neuville, Roville, Laneuville (Lorraine) ; en 1774, les Tasts, Marlien ; en 1778, Chantenay-Lanty, Essarois, près Dijon ; Nonsart, département de la Meuse, suivirent cet exemple.

Qui peut donc empêcher de demander au législateur de convertir en loi les articles 662 à 675 du projet de code rural ? Sur ce point, comme sur beaucoup d'autres, la grande nation, comme nous nous appelons, restera-t-elle encore en arrière d'autres nations, que nous appelons barbares. Nous savons tout l'attachement bien naturel du laboureur pour les champs qu'il a cultivés toute sa vie, qu'il a plantés, qu'il a entourés de clôtures, qu'il a quelquefois créés, toujours améliorés. On ne doit donc pas se le dissimuler, l'ignorance, la routine, qui, malheureusement, seront longtemps encore la règle de conduite de beaucoup de nos concitoyens, rendront assez rare d'abord l'application de cette loi ; mais ce n'est pas une raison pour ne pas la faire, au contraire. C'est surtout par l'exemple, et par *l'exemple publié*, qu'il faut prêcher, quand on ne doit pas espérer arriver au but par la puissance de la raison. Tant que cette loi n'existera pas, il ne se fera aucunes réunions partielles ou générales de territoires, les échanges ne se multiplieront pas. Si au contraire elle existait, avec la tendance générale des idées vers les améliorations agricoles, en présence des lois d'irrigation, de drainage, nul doute que, par la suite, beaucoup de propriétaires s'occuperaient avec ardeur de profiter des bienfaits de la loi. Ils chercheraient à faire comprendre aux habitants riches et pauvres qu'ils ont un égal intérêt, et que les pauvres ont même un intérêt beaucoup plus puissant à faire l'application d'une loi, qui augmentera le bien-être particulier et en même temps celui de toute la commune. Quelques riches habitants de petites communes, usant d'une légitime influence, par intérêt personnel, par générosité de caractère, feraient des sacrifices en terre et en argent pour devenir les bienfaiteurs de leur commune, et finiraient par convaincre la majorité des habitants des avantages de la loi. Ces succès, *connus*, *publiés*, en ameneraient d'autres, par la tendance naturelle des hommes à l'imitation, par les rivalités émulatives, qui existent entre les communes. La pratique de cette opération assez difficile, de la refonte et de la répartition mieux ordonnée des territoires, se simplifierait à mesure qu'on en ferait l'application et deviendrait une opération plus facile qu'on ne le pense. Sans doute il y a des difficultés : on les a surmontées ailleurs ; il faudrait du *temps* pour les vaincre, mais à quoi ne faut-il pas du temps ? C'est surtout lorsque l'on sait que le *temps* est un des principaux éléments de solution, que l'on doit se hâter de commencer, d'introduire cet élément de solution de la question, *en agissant de suite.*

SECTION XII.

Association de charité dans les campagnes.

L'émigration des habitants des campagnes vers les villes est un mal qui augmente chaque jour, auquel il est urgent de porter remède. Le meilleur moyen d'éloigner des villes, de ramener et de retenir dans les campagnes beaucoup de pauvres ouvriers de l'agriculture et de l'industrie, c'est 1º de faire que l'agriculture soit prospère, en donnant à tous, propriétaires et cultivateurs, l'*instruction agricole*, qui apprendra aux laboureurs que, pour faire de la viande et du pain à bon marché, il faut faire beaucoup de nourriture fourrage et beaucoup de fumier ; qui apprendra à tous, qu'il serait utile de voir les agriculteurs devenir un peu industriels et les industriels un peu agriculteurs, de réunir à l'agriculture, de laisser s'exercer à la campagne plusieurs industries, qui sont établies dans les villes et qui, dépendant du sol, demandent à l'agriculture les matières premières de leurs produits industriels, et qui surtout laissent des restes, des résidus, des déchets, qui peuvent être utilisés par l'agriculture : telles sont les fabriques de sucre et d'alcool de betterave ; d'huile ; de fécule ; de bière ; de cidre ; de vin ; de vinaigre ; de fromage et beaucoup d'autres. C'est 2º de faire que les habi-

tants des campagnes trouvent dans les communes rurales les
secours, les institutions, les associations de charité, de mutualité, d'assurance de toute nature, que l'administration, le génie
de la charité des propriétaires organisent dans les villes. C'est
de faire que les propriétaires, qui résident presque tous dans
les villes, ne reçoivent pas tout de l'agriculture, sans rien rendre, en charité, aux pauvres de l'agriculture, sans leur donner
aucune part dans les aumônes, qu'ils distribuent aux seuls habitants des villes. Soyons certains qu'alors la situation morale et
matérielle des habitants des campagnes s'améliorant, ils ne
chercheront plus à déserter leur modeste hameau, auquel ils
sont plus attachés que tous autres.

On crie souvent, à tort et à travers, contre les. laboureurs, on les traite de routiniers. On dit, par exemple,
que les ouvriers des villes comprennent mieux que ceux
des campagnes tous les progrès des arts, de l'économie
domestique et sociale, qu'ils les adoptent plus vite ; que les
avantages, la puissance de l'association, des sociétés d'assurance,
de secours mutuels, de caisses de retraite, d'épargne, etc., leur
sont familiers !!! En vérité, y a-t-il là rien d'étonnant ? Les
ouvriers des villes sont à la porte de toutes ces institutions ; se
voyant chaque jour, ils en parlent ou en entendent parler sans
cesse ; ils en connaissent les effets ; on les excite ; on les force
même un peu, à y prendre part ; ils reçoivent leurs salaires
tous les huit ou quinze jours ; ils savent toutes les tentations qui
les entourent, etc. Rien de semblable n'a lieu pour les ouvriers
des campagnes, qui n'ont jamais entendu parler de ces institutions, qui se voient à peine de temps en temps, le Dimanche,
avant les cérémonies du culte. Dans les conditions où on les a
laissés, ces ouvriers des campagnes sont ce qu'ils doivent être ;
ils pourraient même être encore plus routiniers, eu égard à
leur isolement, à leur défaut d'instruction, au peu de moyens
de s'instruire qu'ils ont à leur disposition. Les véritables routiniers, ce sont les propriétaires et autres, qui sont, ou qui se
croient plus éclairés que les laboureurs, et qui n'ont jamais
rien compris à la situation des cultivateurs, qui crient contre
eux et qui ne font rien pour les faire sortir de leurs anciennes
habitudes, qui sont en effet souvent mauvaises. Crions moins et
agissons plus, donnons aux ouvriers des campagnes, *au moins*,
toutes les facilités d'apprendre et de bien faire, que nous don-

nons à ceux des villes : ils apprendront et feront tout aussi bien qu'eux, car ils ont plus de bon sens, d'esprit pratique, de moralité et moins d'occasions de désordres. Nous disons, *au moins*, toutes les facilités, car pour que les choses fussent égales, vu l'isolement des habitants des campagnes, vu la distance à laquelle ils sont de toutes choses, il faudrait leur donner *plus de facilités* qu'aux ouvriers des villes, pour qu'ils pussent marcher aussi vite qu'eux, dans l'intelligence et la pratique des améliorations. Pour l'ouvrier des villes, tout est facilité, tout va au-devant de lui ; pour l'ouvrier des campagnes, tout est difficulté, et on ne fait rien pour lui. Si l'ouvrier des campagnes est routinier, c'est notre faute et notre très-grande faute. Quand on parle de toutes ces choses aux hommes d'Etat, ils vous répondent : *L'agriculture va bien, toute seule ! ! !*

§ I. — DES MÉDECINS RURAUX DE CHARITÉ.

Les hôpitaux des villes, créés par la charité des propriétaires, qui tiennent leur richesse de l'agriculture, ne servent cependant pas aux habitants pauvres des campagnes ; qu'on leur accorde au moins le bienfait des secours gratuits ou à bas prix, du médecin, du pharmacien, de la sœur hospitalière. Chargé, en 1848, de faire, au comité d'administration départementale et communale de l'Assemblée constituante, un rapport sur ce sujet, nous donnerons ici quelques extraits de notre travail, « qui » est sans contredit ce qui existe de plus substantiel, de plus » clair et de plus pratique sur la matière, » a dit M. Jacques Valserres, écrivain très-compétent dans cette question.

Extrait du Rapport fait, sur la proposition de MM. Anglade *et* Xavier Durrieu, *pour l'organisation des médecins ruraux de charité.*

« La question de l'institution des médecins ruraux, pour le traitement gratuit des pauvres des campagnes, n'eût-elle pour but que de répondre à un besoin de la charité, serait déjà digne de fixer votre attention. Mais elle va réellement plus loin : elle n'intéresse pas seulement les pauvres des campagnes, elle intéresse aussi la santé, la richesse publiques et, par suite, à différents points de vue, tous les citoyens, dans toutes les positions de fortune.

» C'est ainsi que cette institution généralisée, en rapprochant les médecins des malades, procurerait des secours médicaux à plus bas prix à tous les habitants des campagnes. D'abord, à ceux qui ont toujours le moyen de payer un médecin, et, ce qui est bien plus important, à tous ceux, en grand nombre, qui ne peuvent se procurer les secours de la médecine, à cause de leur prix élevé.

» Par cette institution, on pourrait souvent arrêter, dès son origine, le développement des maladies épidémiques, ou en diminuer beaucoup les ravages, qui sont parfois si grands dans nos campagnes. Tous, riches et pauvres y sont intéressés ; car si *misère engendre tricherie*, misère engendre bien d'autres maux. C'est souvent dans la cabane du pauvre que naît l'épidémie, qui ira frapper le riche dans ses plus chères affections. Et c'est quelquefois empêcher la misère que de prévenir, que d'arrêter la maladie, qui est si souvent, pour beaucoup de familles d'ouvriers, le commencement de la misère, par les infirmités qui suivent la maladie, par la longue interruption de travail qu'elle produit, par les frais qu'elle occasionne.

» Enfin, dans un grand nombre de villes de France, les municipalités, les administrations des hospices, des bureaux de bienfaisance, ou de diverses associations mutuelles et de charité, ont des services de secours médicaux gratuits, plus ou moins bien organisés, pour les indigents ou pour les ouvriers associés. Mais ces utiles institutions, qui sont loin de s'étendre à toutes les agglomérations de population, sont, on peut le dire, presque entièrement inconnues dans les campagnes et y seront encore longtemps inconnues. Et cependant les agriculteurs forment la masse la plus importante de la population, ils sont la force de la nation, la source inépuisable de toutes richesses. Toute altération grave et générale portée à leur santé est une atteinte portée à la richesse publique.

» Eh bien, non-seulement les secours de la médecine manquent souvent tout-à-fait aux habitants des campagnes, mais, de plus, leur éloignement des médecins et des pharmaciens, la dépense qu'il faut nécessairement faire pour se procurer leurs soins et leurs remèdes, les met, par rapport aux habitants des villes, dans un état d'infériorité qui commence à frapper beaucoup de bons esprits, et qui dans plusieurs pays porte réellement une atteinte assez grave à la constitution des habitants des campagnes.

» Malgré l'égalité des Français devant la loi et celle des hommes en droits, on sait que jusqu'ici, dans la pratique, ces principes sont le plus souvent restés à l'état de théorie pour les pauvres et pour tous les citoyens, qui se trouvent dans une position gênée de fortune, souvent pire que la pauvreté.

» Le Gouvernement républicain, par des institutions de fraternité, de solidarité, d'association, doit faire tous ses efforts pour donner à chaque citoyen, dans les limites du possible, la seule égalité qui puisse exister entre des hommes qui seront toujours inégaux en richesses, en intelligence, en force et en beaucoup d'autres choses.

» Cette inégalité des hommes, dans toutes les positions de fortune, existe surtout entre l'habitant des villes et celui des campagnes, en ce qui concerne les secours de la médecine. Le premier peut se procurer de suite, en temps opportun, tous les jours, plusieurs fois par jour et pour 1 ou 2 francs, les secours de la médecine que l'habitant des campagnes paie 5, 10 et 15 francs, et qu'il est obligé d'attendre souvent plusieurs jours. De plus, il ne peut les renouveler qu'à de longs intervalles ; ils lui arrivent souvent trop tard, précisément, parce que, effrayé du prix que vont lui coûter ces secours, il espère toujours que le temps dissipera un mal qui, faute de soins, le rend infirme, ou le tue ; tandis que le mal aurait disparu de suite par les soins opportuns du médecin.

» Si telle est la position des citoyens riches et aisés de la campagne, par rapport aux secours de la médecine, quelle doit être celle de tous ceux, en si grand nombre, qui, loin de pouvoir payer 5, 10, 15 francs une visite de médecin, n'ont même pas le moyen d'acheter les remèdes nécessaires à leur guérison.

» C'est ce qui faisait dire à M. Salvandy, au congrès médical, ces paroles remarquables : « Si partout où il y a une douleur morale, il faut qu'il y ait à côté un prêtre pour la consoler, de même, partout où il y a une douleur physique, il faut qu'il y ait à côté un médecin pour la guérir. » C'est ce qui faisait dire au même Ministre dans un autre rapport : « Il s'agit de régler les intérêts de la santé publique, le droit de toutes les classes de l'État à une égale distribution de secours, à l'exigence égale des garanties et des lumières. »

— 159 —

» Tout cela est vrai sans doute, mais à ce point de vue incomplet, d'après lequel on ne voit dans les médecins que des guérisseurs. Mais en médecine, comme en toute science, il y a deux faces, celle du passé et celle de l'avenir ; le système répressif et le système préventif ; il y a la médecine qui guérit la maladie et la médecine qui empêche la maladie de naître, qui en prévient les causes. En médecine, comme en tout, *prévenir vaut mieux que réprimer*, c'est la devise de la médecine de l'avenir. C'est à ce point de vue que la médecine rurale, bien comprise, sera une institution éminemment utile.

Dans une société bien organisée, dans une bonne organisation du service médical, on devrait pouvoir dire, là où il y a une société communale de 1,400 à 1,800 habitants, il y aura un médecin pour veiller à la santé de cette société, au développement physique de ses membres, comme chaque commune possède l'instituteur pour la direction de l'intelligence, le prêtre pour l'instruction morale et religieuse. Alors le médecin devrait être payé, non en raison du nombre des malades qu'il visiterait, mais moins il aurait de malades dans la commune, moins la durée de chaque maladie serait longue, plus il serait payé. C'est le beau idéal de la médecine, l'intérêt du médecin étant alors d'accord avec l'intérêt général.

» Sans doute nous sommes loin de là, nous qui prenons plus de souci de la vie, de la bonne santé, de la bonne constitution des animaux que de celle de l'homme ; nous qui consultons le vétérinaire pour connaître les meilleures conditions d'élevage de nos bestiaux, pour la plus légère indisposition qu'ils éprouvent, mais qui ne demandons jamais au médecin des hommes son avis sur la meilleure manière d'élever nos enfants ; nous qui, pour l'appeler dans nos maladies, attendons souvent que le mal ait fait de tels ravages qu'il n'y ait plus qu'à lutter pour la forme, contre les progrès de la destruction.

» Si nous ne devons pas nous arrêter à une organisation idéale de médecine préventive, nous devons du moins préparer l'avenir pour une de ces organisations, qui seront un bienfait pour toutes les populations urbaines et rurales, riches et pauvres.

» Nous devons, ou rendre obligatoire la création de l'institution des médecins ruraux de charité ; ou généraliser, en l'encourageant d'une manière puissante, l'institution des caisses nationales et cantonnales de prévoyance par l'association des travailleurs, et telles que les demande M. Waldeck-Rousseau, dans sa proposition soumise au Comité du travail ; fondation dans laquelle les associés reçoivent les secours médicaux en médecins et médicaments. Mais comme on ne saurait espérer que les bienfaits de ces associations mutuelles se répandent prochainement parmi les ouvriers de l'agriculture, il faut en attendant organiser la médecine rurale, au moins pour les indigents.

» Peut-être (et c'est notre opinion personnelle) la première chose à faire, pour venir au secours des pauvres travailleurs malades des villes et des campagnes, le meilleur moyen de protéger la santé publique serait, avant tout, de leur procurer à bas prix ou gratuitement des médicaments ; d'organiser des dépôts des médicaments les plus usuels dans chaque commune, ou au moins pour des circonscriptions de deux ou trois communes. C'est ce qu'a proposé M. le docteur Savardin pour le département de la Sarthe.

» Mais le moyen par excellence, qui viendrait le plus efficacement en aide à ce service de médecine gratuite pour les pauvres, serait l'établissement général, parmi les travailleurs de l'industrie agricole et manufacturière, de vastes associations de secours mutuels, basées sur des caisses de prévoyance nationales et cantonnales, et s'appliquant à toutes les souffrances des travailleurs associés.

» Ces associations atteindraient entièrement le but que l'on se propose pour tous : celui de rapprocher les secours médicaux du malade. Le médecin, pour ainsi dire assuré de la rémunération exacte de ses soins, rechercherait bien moins, comme il le fait aujourd'hui presque toujours, à se fixer au milieu des agglomérations de population, parce qu'elles lui offrent plus de chances de se créer une clientèle. Il irait naturellement se fixer dans la commune qui serait la plus éloignée de médecins.

» Les médecins auraient, de cette manière, un traitement en même temps fixe et éventuel. D'un côté, ils seraient assurés du paiement de leurs soins donnés aux travailleurs associés et aux pauvres ; de l'autre, les malades pourraient choisir leur médecin. Chaque médecin aurait intérêt à remplir sa mission avec zèle et intelligence, dans la crainte de voir les travailleurs associés, les communes s'adresser à un autre médecin, ce qui n'aurait certainement pas lieu , s'il leur donnait satisfaction. Car il ne faut pas s'y tromper et attacher une grande importance à la préférence que le public accorde à tel médecin plus qu'à tel autre, sous prétexte de confiance. Quand le prix des soins est le même, on choisit le médecin qui plaît le mieux ; mais quand on est à même d'avoir des soins médicaux qui coûtent trois ou quatre fois moins cher , on ne choisit plus, on prend le médecin dont les soins coûtent moins cher.

» Diverses combinaisons d'abonnement pour les soins médicaux pourraient même s'établir, par la suite, pour les associés libres, pour les patrons aisés qui paieraient au médecin qu'ils adopteraient une cotisation annuelle pour eux ou pour leurs domestiques, et moyennant le paiement de laquelle ils ne paieraient, par visite, qu'une somme convenue avec le médecin, suivant la distance qui les en séparerait , comme en Lombardie, tous gagneraient à ces diverses combinaisons. Mais la difficulté est d'organiser promptement dans nos campagnes de pareilles associations.

» Nécessairement, cette institution offrira d'abord quelques abus. Quelle est celle qui n'en présente pas ? mais ses bienfaits se feront sentir de suite ; et avec le temps les abus cessent sous les gouvernements de liberté, qui ne pactisent pas éternellement avec les abus ? Les imperfections nécessaires d'une institution appliquée à des pays, à des populations si divers ne doivent pas nous arrêter. Le bien ne s'improvise pas plus qu'autre chose. Il en est des institutions comme des machines, ce n'est pas du premier jet que l'on arrive à la perfection de toute machine, l'économie de ressorts.

» Mais au nom de la charité chrétienne, de la fraternité, de l'égalité bien entendues ; au nom des vrais principes d'humanité, d'un des plus grands intérêts de la société, celui de la santé publique , nous demandons que l'Assemblée Nationale dépose dans la loi un germe aussi fécond pour la richesse et la puissance nationale, que celui de l'organisation des secours de la médecine, pour tous les citoyens pauvres. Nous demandons qu'elle adopte , en principe, que la vie des hommes mérite autant de soins que leur âme et leur intelligence. Ne faut il pas à l'âme et à l'intelligence un corps sain, pour qu'elles puissent agir dans leur force et dans leur liberté ? S'occuper plus qu'on ne l'a fait jusqu'ici des moyens d'améliorer la constitution physique de l'homme, de détruire, d'atténuer les différentes causes de destruction de sa vie, c'est à tous les points de vue entrer dans les voies démocratiques.

» N'oublions pas que presque tous les invalides de la société trouvent leurs infirmités dans le défaut de soins, dans les excès de la misère et du travail. N'oublions pas que le nombre de ces invalides du travail augmente au point que, dans plusieurs localités, on ne peut plus trouver le contingent de l'armée, que la vie moyenne des travailleurs diminue à mesure que leur misère augmente.

» Ainsi, la richesse sociale d'un côté perd tous les fruits du travail de ces invalides ; de l'autre, elle voit croître incessamment la source des charges que lui imposent ces invalides. Car, quelle population attendre d'enfants engendrés par des invalides et élevés dans la misère?...

Il y a donc là une œuvre de haute prévoyance sociale à accomplir.

» Ajoutons une dernière et puissante considération, dont la valeur n'échappera pas à des hommes préoccupés de l'idée de créer des institutions, qui donnent plus de force aux liens de famille, qui, par les douces et pures jouissances du foyer domestique, élèvent le pauvre au niveau des plus favorisés de la fortune.

En créant ces institutions de secours de la médecine pour les travailleurs, vous relevez leur dignité, vous les affranchissez d'une des tyrannies de la misère. En créant de véritables dispensaires pour les travailleurs des villes et des campagnes, vous enlevez le travailleur à une de ses plus grandes douleurs, celle d'aller se faire soigner dans les hôpitaux. Vous allégez ses souffrances, vous abrégez sa maladie, surtout sa convalescence, en lui donnant, comme au riche, la faculté de ne plus se séparer de sa famille, au moment même où ses soins lui deviennent si chers et si précieux, où ses soins sont, peut-être, la seule consolation dont il lui reste à jouir dans la vie.

Soyez certains, qu'à moins de circonstances exceptionnelles, restant malade au sein de sa famille, secouru par la prévoyance sociale, exempt d'inquiétudes, le travailleur retrouvera bien plus vite la santé, qui est toute sa richesse, que celui qui est obligé d'aller dans un hôpital vivre au milieu du mauvais air, tourmenté par des ennuis, par des inquiétudes de toute nature.

» Une considération bien importante encore, et qui vient appuyer l'utilité de l'organisation des secours médicaux pour les habitants des campagnes, est celle-ci : Nous savons tous aujourd'hui, qu'une des principales préoccupations de la société française doit être d'employer tous les moyens possibles pour éloigner des villes, pour retenir et ramener dans les campagnes, beaucoup de pauvres ouvriers de l'agriculture et de l'industrie. Chaque année, plus nombreux que jamais, les indigents des campagnes s'abattent sur nos villes, pour y prendre leur part des secours de toute nature que le génie de la charité y organise, et au nombre desquels sont précisément les secours gratuits ou à bas prix de la médecine, en médecins, en médicaments, en aliments. Evidemment, si tous les citoyens trouvaient facilement dans les campagnes, comme dans les villes, tous les secours gratuits ou à bas prix de la médecine, ce serait pour eux un nouveau motif qui les engagerait à rester dans les campagnes ou à y retourner.

» D'après les considérations indiquées dans le rapport, nous avons pensé que, puisque l'institution des médecins de charité avait un but d'intérêt général, quoique ne paraissant se rattacher qu'à l'intérêt spécial du traitement gratuit des indigents, on devait considérer ces médecins comme les instruments d'un service général de la santé publique, et formuler un décret qui contiendrait les bases de l'organisation de ce service.

» D'abord cette organisation d'un service général et permanent de la santé publique, répond à un besoin de la société, qui sera plus tard mieux senti qu'il ne l'est aujourd'hui. Bientôt toutes nos institutions sociales abandonneront les voies, si souvent stériles, de la répression, comme unique moyen de détruire les maladies de la société, et on y substituera un ensemble de mesures préventives plus efficaces. Comme une Providence, ces institutions viendront au secours de l'homme, au moment où il sera sur le point de succomber sous le poids des misères humaines, et elles auront puissance de le relever de sa chute.

» Non qu'il s'agisse pour nous de substituer partout la prévoyance de la société à celle de l'individu, loin de nous une pareille pensée, dont la réalisation détruirait dans l'homme ce que nous voulons y faire naître. Mais nous voulons que dans la société tout soit organisé pour donner à l'homme des idées d'ordre, d'avenir, de prévoyance, de lendemain ; pour qu'il puisse, à l'appui de ces idées, s'élever à celles de posséder, par les fruits du travail et de l'ordre ; à celles de transmettre à ses enfants autre chose que la misère, seul héritage que lui aient laissé ses pères.

» N'oublions donc pas, Messieurs, que l'homme est né pour travailler, et que c'est un devoir des sociétés modernes de créer des institutions qui donnent la liberté du travail à l'homme, dont le travail est la seule propriété. N'oublions pas que nous devons à ce travail une protection égale à celle que nous accordons à toute autre propriété. Eh bien, la santé, n'est-ce pas la richesse, la garantie de la propriété du travailleur? L'institution qui lui donnera la santé, lui donnera donc la liberté du travail, protègera sa propriété.

» Et toutes ces autres institutions modernes, les crèches, les écoles maternelles, les écoles-ouvroirs, les associations de secours mutuels, ne contribuent-elles pas aussi à donner au travailleur, dans son travail, liberté de temps et d'esprit, absence d'inquiétude sur son avenir, sur celui de sa famille? Elles tendent à relever sa dignité, à affranchir son corps, son âme, de toutes les tyrannies de la misère, elles lui permettent d'ouvrir son cœur à l'espérance, son esprit aux lumières de l'intelligence et de la morale. »

Dans les États de l'Église, en Lombardie, en Autriche, le service des médecins ruraux existe depuis longtemps. En France, dès 1810, un service de médecins ruraux de charité a été organisé avec succès dans le département du Bas-Rhin ; néanmoins cette institution ne s'était pas propagée ; seulement, dans quelques départements, des arrondissements, des communes sont abonnées au médecin pour le traitement de leurs pauvres. En 1847, cette institution fut adoptée par la chambre des Pairs, dans un projet de loi sur l'organisation de la médecine. Nous avons parlé du projet rédigé par nous, en 1848, pour l'organisation de la même institution. Le gouvernement de Louis-Philippe et celui de la République sont tombés avant d'avoir pu mener à leur fin ces deux projets. Depuis deux ans, le ministre de l'intérieur a recommandé cette institution aux préfets ; plusieurs départements l'ont adoptée en totalité ou en partie, et d'autres se préparent à doter leur agriculture de ce bienfait. Le gouvernement laisse à chaque département, comme nous l'avions proposé dans notre rapport , la faculté d'adopter le choix des combinaisons , qui lui paraîtront les meilleures , pour organiser l'institution des médecins ruraux de charité. Le projet de décret, que nous avions formulé, organisait un service général de la santé publique, confié à un conseil de salubrité, à des commissions de salubrité et aux médecins de charité. Le gouvernement a déjà organisé, par un décret spécial, les commissions de salubrité.

§ II. — DE L'INTERVENTION DES COMMISSIONS SANITAIRES DANS LA QUESTION DES FUMIERS.

Il y aurait un grand parti à tirer de ces commissions de salubrité d'arrondissement, en les étendant jusqu'aux communes rurales, par l'entremise des maires et des comités communaux des comices agricoles. Ces commissions pourraient être d'un grand secours à l'agriculture, dans la question capitale de la préparation des fumiers, qui est en même temps une question de salubrité publique, pour les hommes et les bestiaux, et une question de production, puisque le fumier donne tout. Beaucoup d'animaux prennent le germe de diverses maladies dans l'état des fumiers des étables, dans les émanations qui s'en échappent et qu'ils respirent, ou dans les eaux qu'ils boivent et qui reçoivent le jus de fumier. Il en est de même de l'homme : tout récemment encore, en décembre 1855, on rapportait que huit personnes de la commune de Valframbert, hameau de La Gravelle, près d'Alençon, ont succombé à une épidémie provenant de la corruption de l'eau d'un puits, dans lequel les eaux fétides d'une mare à fumier s'étaient infiltrées. Les commissions de salubrité, ou même les maires seuls, pourraient prendre des arrêtés de police sanitaire, rendus obligatoires par l'approbation du préfet et prescrivant diverses mesures concernant la tenue des fumiers *dans* et *hors* les étables, écuries, etc., et la tenue des fosses de latrines, des mares, etc., mesures qui, mises peu à peu à exécution, détruiraient beaucoup de causes d'insalubrité, pourraient *doubler* la valeur des fumiers, par conséquent augmenter au moins dans la même proportion la production en grain.

En 1834, lorsque le choléra régnait dans le département d'Ille-et-Vilaine, par l'intervention de la commission sanitaire de l'arrondissement de Fougères, nous fîmes supprimer, dans les villes et les campagnes , bien des causes d'insalubrité , qui, jusque-là, faute d'arrêtés obligatoires , avaient résisté à toutes les réclamations de quelques habitants et même aux injonctions de l'autorité. Malheureusement , nous n'étions pas alors édifié, comme nous le sommes aujourd'hui , sur la question des fumiers ; car nous eussions prescrit des mesures qui, presque sans efforts, auraient fait faire à l'agriculture du pays bien plus de progrès encore, que toutes nos tentatives diverses de propagation de l'enseignement agricole. Nous ne saurions trop attirer l'attention, des habitants et de l'administration, sur ce point de vue de la question de salubrité publique et de production agricole. Il y a là TOUTE UNE RÉVOLUTION AGRICOLE à faire , et , à défaut de l'intervention de l'administration supérieure et locale, nous ne voyons pas pourquoi , à l'imitation des habitants de Langrune , s'associant pour la destruction des taupes, les citoyens d'une commune ne s'associeraient pas , pour forcer à la destruction des causes d'insalubrité venant des fumiers et autres foyers d'infection , et pour forcer par suite à mieux préparer les fumiers.

Dans cette question des fumiers, pour amener un *bien immense* , il ne s'agit pas tant d'en produire, que seulement *d'empêcher de perdre* ceux qui sont faits. A ce point de vue et à celui de la salubrité publique, l'administration a entre les mains un moyen très-simple et très-puissant de *répandre la fécondité sur tout le sol de la France.* Pour nous , si nous étions seulement maire d'une commune , nous n'hésiterions pas à prendre un arrêté sur cet objet et à l'appliquer *rigoureusement* , tant nous sommes convaincu du bien que nous produirions. Cette matière est tout-à-fait dans les attributions du pouvoir municipal ; le paragrahe 5, article 3, titre 2 de la loi du 24 août 1790 , confie à la vigilance et à l'autorité des corps municipaux le soin de *prévenir*, par des précautions convenables , les *épidémies* et les *épizooties*, c'est-à-dire de veiller à tout ce qui concerne la salubrité et la santé publiques. Et, en prenant toutes les mesures nécessaires pour arriver à ce but, il n'y a pas à craindre de porter atteinte à l'exercice du droit de propriété, ou d'agir contre le principe de non-rétroactivité. On peut voir à ce sujet la jurisprudence très-large et constante de la cour de cassation : arrêts des 19 prairial an 12 ; 26 janvier 1821 ; surtout 6 février 1823 ; 18 juin 1836 ;

2 juin 1836 ; 2 juin 1837 ; surtout 9 mai 1838 ; 2 juin 1838 ; surtout 28 février 1839 ; 29 mai 1840, etc. ; et, pour la rétroactivité, plusieurs arrêts des 22 mars 1822 ; 4 juin 1830 ; 9 février 1833 ; 20 juin 1836, etc.

Voici de quelle manière on peut formuler cet arrêté de salubrité publique, auquel on pourrait beaucoup ajouter, suivant l'état d'avancement des esprits et de l'agriculture dans chaque localité, et qui devrait être affiché *en permanence, sur le plus grand nombre de points* de chaque commune :

Vu l'article 50 de la loi du 14 décembre 1789 , qui charge le pouvoir municipal de faire jouir les habitants d'une bonne police, de la *propreté*, de la salubrité, sûreté, tranquillité, etc. ;

Vu le § 5, article 3 ; titre 2 , de la loi du 24 août 1790 , qui a confié à la vigilance et à l'autorité des corps municipaux le soin de *prévenir*, par des précautions convenables, les épidémies et épizooties, etc. ;

Vu l'article 9, titre 2, de la loi du 6 oct. 1791, relatif à la tranquillité, sûreté, *salubrité des campagnes* ;

Vu l'article 471 , n° 15, du code pénal ;

Vu la jurisprudence constante de la cour de cassation et surtout l'arrêt du 6 février 1823 , déclarant que les termes des lois ci-dessus visées, relatifs à la *salubrité publique*, sont *démonstratifs* et ne sauraient être *limitatifs* ; qu'une des précautions convenables, pour prévenir les épidémies et épizooties, est évidemment le maintien de la salubrité publique ; que, pour cela , il n'est pas moins nécessaire d'éloigner des *propriétés privées* que des lieux publics, dans les villes, bourgs et villages, tout ce qui peut *corrompre l'air*, y répandre des *exhalaisons putrides et malfaisantes* ; que les arrêtés des maires sur la salubrité publique sont applicables même aux lieux *ruraux*, aux propriétés privées, et *ne sont pas une atteinte au droit de propriété* ;

Vu que nul ne peut opposer son intérêt privé contre l'intérêt général, que nul ne peut avoir un *droit acquis* contre l'intérêt public, qui est imprescriptible ;

Vu que, pour prévenir, par des précautions convenables, les causes d'insalubrité, qui produisent les épidémies et épizooties , il faut nécessairement détruire des causes déjà exis-

12

tantes et rétroagir contre des usages séculaires, des habitudes invétérées, qui produisent ces causes d'insalubrité ;

Vu que la pourriture des déjections de l'homme et des animaux, des débris d'animaux et de plantes, à l'air, dans les eaux, et les exhalaisons qui en émanent sont une cause d'insalubrité, qui produit des épidémies, des épizooties et autres maladies graves ;

Vu que, par suite des progrès de l'agriculture, des sciences, des arts, il existe des moyens simples et faciles à mettre en pratique, pour empêcher, arrêter la pourriture des déjections et débris de l'homme, des animaux, des plantes ; les empêcher de corrompre l'air et les eaux, d'y répandre des exhalaisons putrides et malfaisantes, et par conséquent pour éloigner, détruire les causes d'épidémies, d'épizooties et autres maladies ;

Considérant :

Que la tenue des déjections et des débris de l'homme, des animaux, des plantes, formant les fumiers et engrais, qui nuit aux bestiaux et à l'homme *dans et hors* les étables, écuries, bergeries, retraites à porcs, fosses de latrines ;

I. *Dans les étables, écuries*, etc., vient de ce que :

1º Les fumiers et engrais, pourrissant trop rapidement, s'échauffent au point de répandre des vapeurs ammoniacales piquantes et autres vapeurs fétides, dont la respiration occasionne des maladies à l'homme et aux animaux ;

2º Le fumier des étables, écuries, etc., étant trop humide, les bestiaux sont alors plongés dans une fange infecte, froide, caustique, ce qui est contraire à leur santé, à leur propreté.

II. *Hors les étables, écuries*, etc., vient de ce que :

1º Par la mauvaise disposition des étables, écuries, etc., par celle des tas de fumiers ; les urines, le jus de fumier s'écoulent loin des étables, écuries, etc., ou loin des tas de fumier ; et, soit directement à ciel ouvert, soit indirectement par filtration, ces urines, ce jus de fumier, pénétrant dans les fontaines, puits, mares, ruisseaux, corrompent, rendent insalubres les eaux, qui servent de boisson à l'homme et aux animaux ;

2º Les dépôts des déjections et débris de l'homme, des animaux, des plantes ou tas de fumier, les fosses de latrines et de jus de fumier, placés trop près des habitations des hommes et mal soignés, pourrissant trop rapidement, s'échauffent de manière à répandre des vapeurs piquantes d'ammoniaque et d'autres vapeurs fétides, dont la respiration occasionne des maladies à l'homme et aux animaux ;

Que la tenue des mares, qui fournissent souvent l'eau nécessaire à tous les besoins des hommes et des animaux d'une ferme, qui produit chez eux des empoisonnements, des fièvres intermittentes et autres maladies, vient de ce que :

1° Les eaux courantes de source ou de pluie, qui alimentent ces mares, y arrivent souvent chargées de débris d'animaux et de plantes, qui sont en pourriture, ou qui y pourrissent ;

2° Lors même que ces mares ne reçoivent pas de débris d'animaux et de plantes, leurs eaux étant souvent stagnantes, ne se renouvelant pas, contiennent des débris d'animaux et de plantes, qui y sont morts et qui y pourrissent ;

3° Par les sécheresses, ces mares laissent à découvert des boues pleines de matières, qui, en pourrissant, dégagent les miasmes si dangereux des marais (1) ;

Voulant détruire ces diverses causes d'insalubrité, d'épidémies, d'épizooties, de fièvres intermittentes et autres maladies ;

ARRÊTE :

Des Fumiers.

ART. 1. — Le sol des étables et bergeries sera établi de manière à n'être en pente d'aucun côté, pour que les urines se répandent également dans la litière ; celui des écuries et retraites à porcs sera légèrement incliné pour l'écoulement des urines dans une fosse à fumier ou à purin.

ART. 2. — On entretiendra toujours sous les bestiaux une litière pailleuse ou terreuse très-abondante, la plus sèche, la plus courte ; hachant la trop longue, broyant la trop dure ; la distribuant de telle sorte qu'elle se tasse bien également, très-fortement, de manière que les bestiaux soient toujours à sec, que le fumier ne répande *aucune odeur piquante.*

---

(1) On voit parfois les animaux préférer l'eau trouble, corrompue, à l'eau claire, douce ; il ne faut pas en conclure qu'ils l'aiment, qu'elle ne pourrait leur nuire, s'ils en buvaient souvent. Ils aiment l'eau salée, c'est un stimulant dont ils sentent quelquefois le besoin : à défaut d'eau claire salée, ils boivent l'eau trouble, corrompue, qui a un goût plus prononcé.

Art. 3. — Le fond des étables, écuries, etc., le terrain de dépôt des fumiers, le fond des rigoles conduisant le fumier, dés fosses le recevant, des fosses de latrines, ne devront pas laisser filtrer les urines et le jus de fumier ; pour cela, on les garnira d'argile corroyée, ou de béton, ou on les pavera.

Art. 4. — Pour empêcher les urines, le jus de fumier de sortir des étables et bergeries :

1º Ou on creusera les étables et bergeries à 20 centimètres au moins ;

2º Ou si on ne peut pas, si on ne veut pas les creuser, on disposera le sol en pente vers un seul point, comme dans les écuries et retraites à porcs, pour faire sortir les urines et le jus de fumier, que l'on recevra à l'extérieur dans une barrique ou dans une fosse.

Art. 5. — On enlèvera les fumiers des étables, écuries, etc., aussitôt qu'ils répandront une odeur piquante d'ammoniaque et toutes les fois que, étant trop humides, les bestiaux ne seront plus à sec.

Art. 6. — On déposera les fumiers le plus loin possible des étables, écuries, etc., et des habitations des hommes :

1º Ou sur une plate-forme entourée de petites rigoles, pour conduire le jus de fumier à une fosse située au milieu des tas de fumiers ; les rigoles et la fosse seront entourées d'une petite levée en terre, pour empêcher les eaux pluviales courantes de se mêler au jus de fumier ; ou on se débarrassera de ces eaux par des fossés couverts ou de drainage (voir l'art. 18), on les conduira ainsi à des réservoirs, mares ou ailleurs ;

2º Ou mieux dans une fosse de 2 mètres au plus de profondeur, entourée d'une petite levée en terre et ayant au milieu une fosse plus profonde, pour recevoir le jus de fumier.

3º Ou on les transportera de suite de l'étable aux champs.

Art. 7. — On montera le fumier en une suite de petits tas, se touchant, de manière à pouvoir les élever le plus promptement possible à 2 mètres et demi au plus ; ou l'étendra bien également, on le tassera très-fortement.

Art. 8. — Pendant que le fumier pourrira, ou l'entretiendra également humide, ni trop ni trop peu, pour qu'il pourrisse lentement, en s'échauffant à peine, *sans fumer.* S'il fume, ou s'il est trop sec, on l'arrosera avec du jus de fumier, à défaut avec de l'eau.

Art. 9. — On abritera le fumier le plus possible contre le soleil, le vent, la pluie, en le déposant à l'ombre de maisons, d'arbres, et en le couvrant sur toutes ses faces de feuillages, de fagots, de bruyères, de gazon, de terre, etc.

Art. 10. — Les urines, le jus de fumier, recueillis dans des barriques, des fosses, qui ne seront pas employés en arrosage des prés, des récoltes, des fumiers, seront mêlés de suite à des matières sèches quelconques, terres, litières, etc.

Art. 11. — Si le sol des étables et bergeries, ou de dépôt de fumier, est difficile à creuser, ou si on ne veut pas le creuser, on élèvera un peu le pas de la porte des étables et bergeries ; on entourera le lieu de dépôt de fumier d'un petit mur en maçonnerie, ou en argile ; on formera le fond de la litière, le lit du fumier en matières sèches, terres, tourbes ou autres capables de boire le jus de fumier.

Art. 12. — Près de chaque habitation, on établira une fosse de latrines bien close, ne laissant filtrer par aucun point les déjections liquides, on y jettera toutes les déjections solides et liquides des hommes, celles recueillies dans des vases privés ou dans des vases communs, tels que urinoirs mobiles, et les déjections solides, comme celles abandonnées sur la voie publique.

Art. 13. — Pour empêcher les déjections et débris de l'homme, des animaux, des plantes de pourrir, ou pour les désinfecter, on y mêlera dans et hors les étables, dans les fumiers solides et liquides, dans les fosses de latrines, selon qu'on pourra se les procurer plus facilement et à plus bas prix, les matières suivantes conservatrices et absorbantes, qui produiront d'autant plus d'effet qu'elles seront *plus sèches et en poudre plus fine.*

Ces matières sont : les cendres de foyer, de tourbe, de houille, de lessive ou charrée ; le frasil ou résidu laissé sur les places de fourneaux de charbon ; la petite braise de four à chaux, à tuiles, de boulanger ; le poussier de forge, de charbon de bois ; la tourbe, le tan, la sciure de bois ; la balle d'avoine, le gros son de sarrasin, les poussières des greniers à foin et autres poussières ; les terres venant des curages des cours d'eau, étangs, mares, fossés ; la terre végétale, le terreau neuf ou vieux, épuisé ; le sable pur, l'argile sableuse, l'argile écobuée ou légèrement brûlée ; le plâtre cru ou cuit (sulfate de chaux) ; la couperose verte (sulfate de fer) ; le sel de Glauber (sulfate de soude) ; l'huile de vitriol étendue d'eau (acide sulfurique).

On peut aussi employer la chaux hydratée, ou chaux vive réduite en poudre par l'arrosage ; le sable calcaire ou tangue ; la marne ou argile calcaire ; mais il faut que ces substances, surtout la chaux, ne soient mêlées qu'avec des déjections *toutes fraîches*, sans quoi elles peuvent dégager des fumiers des vapeurs piquantes d'ammoniaque.

Art. 14. — Quand on le pourra, on établira des citernes voutées ou fosses fermées, imperméables, fraîches, enfoncées sous terre, où l'on jettera des déjections humaines et autres, des eaux ménagères : la pourriture et les exhalaisons malsaines que répandent ces matières seront alors arrêtées.

Art. 15. — On ne laissera traîner nulle part dans les cours, chemins, etc., des déjections, débris des hommes, animaux, plantes ; toutes ces choses, les balayures, les eaux ménagères, les boues, les ordures quelconques solides et liquides, seront rassemblées et portées au fumier.

Des Mares.

Art. 16. — On donnera à la mare plus de profondeur et moins de largeur qu'on ne lui en donne ordinairement ; on la disposera de manière à pouvoir la mettre à sec pour la nettoyer ; son fond sera pavé, ou bétonné, ou recouvert d'un mortier de chaux et d'argile. On jettera dans la mare des graviers, de petits cailloux, du charbon de bois. L'entrée de l'abreuvoir sera légèrement inclinée, pavée. La mare sera entourée d'arbres ou d'arbustes touffus, qui la couvriront le plus possible de leur ombre.

Art. 17. — On placera et disposera la mare de manière que les urines, le jus de fumier n'y arrivent pas, en l'entourant de levées en terre ; et de sorte que les eaux pluviales des toits et des terres voisines, qui s'y rassemblent, aient lavé le moins possible des terrains chargés de débris pourris ou non pourris d'animaux et de plantes.

Art. 18. — On amènera les eaux pluviales à la mare par des fossés couverts ou de drainage, dont on remplira le fond de drains ou tuyaux de poterie, et, à défaut, de pierrailles un peu grosses, jusqu'à 30 centimètres de hauteur ; on recouvrira la pierraille de pierres plus petites, de bruyère, de menues branches, de paille, pour empêcher les terres, dont on comblera les fossés, de remplir les intervalles des pierres (1).

Art. 19. — On enlèvera avec soin la nappe verte, rouge ou autre, qui se formera à la surface de l'eau, et si, par suite des chaleurs, l'eau devient trouble, jaune, d'une odeur désagréable, on y jettera plusieurs kilogrammes de *noir animal ou charbon d'os* (os carbonisés à l'abri de l'air), grossièrement concassés ; ou des copeaux de bois de chêne. En la filtrant au charbon, elle cessera d'être insalubre, elle perdra son odeur et sa saveur mauvaises.

Art. 20. — En cas de négligence dans l'exécution convenable des prescriptions du présent arrêté, leur exécution sera ordonnée d'office par le maire, l'exécutoire des frais sera donné par le juge de paix.

Art. 21. — Tous propriétaires intéressés, tous fermiers ou possesseurs d'un fonds rural, ou d'une habitation, sont recevables à se plaindre des contraventions au présent arrêté, sans préjudice des poursuites du ministère public.

Art. 22. — Les contraventions au présent arrêté seront constatées par procès-verbaux et poursuivies conformément aux lois.

Il nous semble qu'avec du temps, de la patience, de la fermeté, on arriverait encore assez facilement à la mise à exécution de cet arrêté. Et ce moyen d'améliorer l'agriculture agirait de suite, puisque chaque jour, à chaque instant du jour, faute de soins, faute de savoir, tous les cultivateurs, même les plus éclairés, perdent quelque chose sur leurs fumiers, et que les moins éclairés perdent les DEUX TIERS des fumiers qu'ils

---

Le drainage, dont nous avons cité, art. 6 et 18, deux applications très-importantes, peut de la même manière être employé pour assainir, en les desséchant, des cours, des étables, maisons, églises, cimetières trop humides.

pourraient recueillir et les TROIS QUARTS des parties actives de ceux qu'ils emploient !!! C'est-à-dire des *milliards* de kilogrammes de viande et d'hectolitres de grain !!! Car il faut le répéter sans cesse, les fourrages sont la matière première des fumiers, les fourrages et les fumiers sont les deux plus puissants instruments de l'agriculture ; sans eux, rien ; avec eux, tout. Le fumier surtout, c'est du grain, du fourrage, de la viande, de l'argent en sac ; tous les cultivateurs en font tous les jours, tous en perdent tous les jours des quantités considérables ; et quand on pense qu'il ne faudrait qu'un peu de soins chaque jour, sans dépenses nouvelles, souvent que quelques coups de bêche, quelques heures de travail une fois faites, pour mettre fin à toutes les pertes que le cultivateur éprouve, pour lui donner la richesse et éloigner de nous le retour des années de disette !!!

§ III. — DES SŒURS HOSPITALIÈRES COMMUNALES ET DES BUREAUX DE BIENFAISANCE DES COMMUNES RURALES.

Dans l'article 3, § 3e, du projet de décret sur la médecine rurale de charité, nous avions bien dit que le conseil de salubrité serait chargé de diriger et surveiller le service des *sœurs de charité* ; mais, dans notre rapport, nous n'avions pas parlé de l'importance de ces *sœurs hospitalières communales*.

Les médecins ruraux, les pharmacies communales de charité sont d'excellentes choses ; mais nous ne savons s'il n'y en a pas encore une meilleure, qui est la base, le couronnement de toute la médecine rurale, c'est la *sœur hospitalière communale*. A quoi bon la visite du médecin, le traitement qu'il ordonne, s'il n'est pas suivi, s'il est appliqué de manière à être plus nuisible qu'utile ? Visitez les cultivateurs malades, et vous reconnaîtrez promptement que ce qui leur manque surtout, ce sont des soins donnés à temps, avec intelligence. La sœur hospitalière communale serait nécessairement prévenue la première de la maladie, elle donnerait les premiers soins, empêcherait du moins le malade de faire quelques imprudences, elle préviendrait de suite le médecin cantonnal, le renseignerait sur ce qu'a éprouvé le malade, administrerait les remèdes, en surveillerait, en dirigerait l'emploi ; elle ferait comprendre, à ceux qui entourent le malade, l'importance de ces petits soins répétés, donnés avec suite, qui sont si puissants dans toutes les maladies, les blessures, les plaies. Combien ne voit-on pas, à la campagne, des blessures, que quelques jours d'un bon traitement eussent suffi pour guérir, qui, par suite d'un mauvais traitement, ou d'un bon traitement mal appliqué, d'un pansement fait malproprement, durent plusieurs mois, deviennent des plaies incurables. On ne peut faire venir tous les jours le médecin, pour panser des blessures peu graves : la sœur hospitalière serait encore là pour diriger le pansement. Beaucoup de sœurs hospitalières existent déjà dans nos communes, mais le service médical rural ne sera complet, que lorsque le médecin cantonnal, la pharmacie et la sœur hospitalière communales existeront. Nous ne saurions trop recommander aux personnes bienfaisantes, qui font des dons et legs aux bureaux de charité, aux communes, la fondation des sœurs hospitalières, comme une des œuvres les plus utiles aux habitants des campagnes ; car la santé est la richesse du cultivateur, c'est la garantie de la propriété du travailleur.

L'institution des sœurs hospitalières ou de charité, dans les campagnes, aurait encore, dans l'avenir, un autre but d'utilité. Lorsque l'on s'occupera, comme on devrait le faire, et comme on le fait dans les villes, de l'organisation de la charité, ces sœurs deviendront naturellement le lien et l'instrument de *l'association* entre les institutions de charité publique, bureau de bienfaisance, dispensaire, hôpitaux, etc. ; entre les institutions de charité privée, *associations* mutuelles, sociétés de St-Vincent-de-Paul et autres, et entre la charité privée individuelle.

En 1846 (1), nous avons organisé à Fougères une *association de toutes les manifestations de la charité publique et privée,* qui, en respectant les différentes manières dont chacun entend et pratique la charité, remédie aux inconvénients, on peut dire *anarchiques,* de la charité privée et publique, qui, agissant sans se communiquer leurs actes, font de doubles emplois, donnent trop aux uns, pas assez aux autres, et font beaucoup moins de bien qu'ils ne pourraient en faire, avec la même somme de charités. Nous croyons cette combinaison préférable à toutes les autres, parce qu'elle répond au grand principe de cette loi

---

(1) *Chronique de Fougères,* 26 novembre 1846 ; 2, 9, 30 janvier 1847.

de vérité que nous invoquons sans cesse, *la variété dans l'unité*, ou l'ordre. Elle met en contact toutes les personnes charitables qui, par des voies différentes, veulent le bien ; elle ne tombe pas dans les inconvénients de la concentration de toutes les aumônes, qui ressemble beaucoup trop à la charité légale ; elle donne à tous le moyen de s'éclairer pour mieux faire, et, par là, elle excite les élans de la charité privée, au lieu de les paralyser ; elle finit par faire entrer toutes les personnes charitables, à un titre quelconque, dans une des institutions actives de la charité, soit comme distributeur des aumônes, soit comme patron des pauvres.

Cette association, de toutes les personnes et institutions charitables des campagnes, serait d'autant plus utile que, d'abord les secours manquent aux pauvres cultivateurs, et que cette association les augmenterait déjà en améliorant la distribution des secours privés et des secours publics ; car la plupart des bureaux de bienfaisance des communes rurales, qui en ont, sont fort mal administrés. Il y a encore là une grande réforme à opérer et beaucoup de bien à faire. Les membres des bureaux de bienfaisance des campagnes sont, comme les membres des comices agricoles : ils ont de bonnes intentions, mais, par défaut d'instruction, ou par faiblesse, par indifférence, ils n'emploient pas toujours leurs fonds de la manière la plus utile ; ils distribuent le plus souvent les secours de la charité en argent et à peu près mécaniquement. Etant sous-préfet de Fougères, nous avions vu le mal et le remède : nous allions entreprendre cette réforme avec l'appui du préfet, qui approuvait nos vues, lorsque malheureusement les scrupules de cet honorable magistrat vinrent arrêter nos bonnes intentions. Nous voulions mettre un peu d'ordre dans le désordre, qui existe dans les budgets et les distributions des bureaux de bienfaisance, faire plusieurs parts dans les fonds, dont ils disposent chaque année, etc. Nous voulions surtout faire la part des invalides et celle des valides, distribuer la part des valides autant que possible en travail, instruments de travail, objets mobiliers, faire porter toutes les aumônes à domicile et ne jamais rien distribuer en argent ; enfin, dans les bureaux riches et dans les bonnes années, nous voulions faire un petit fonds de réserve pour les années calamiteuses, etc. M. Henry, préfet, croyait bien que faire tout cela était très-bon ; mais il pensa que ce serait peut-être aller contre les intentions des donateurs, il ne voulut pas prendre sur lui de passer outre.

Quand les donateurs ont prescrit un mode particulier de distribution de leurs dons, on comprend que l'on puisse hésiter à changer le mode de cette distribution ; et encore, qu'ont voulu les donateurs ? faire du bien aux pauvres. Si, depuis qu'ils ont fait leur donation, on a trouvé pour faire ce bien et même plus de bien un moyen ou nouveau, ou qui leur était inconnu, qu'ils auraient adopté s'ils l'eussent connu, ne suit-on pas leurs intentions en l'adoptant ? Mais lorsque, comme il arrive le plus généralement, les donateurs n'ont rien stipulé, ils ont laissé aux tuteurs des pauvres la faculté d'agir, suivant que ceux-ci le croiront le plus avantageux pour les pauvres ; ils peuvent par conséquent distribuer une partie des aumônes en travail, en objets mobiliers, s'ils le jugent utile. Dans tous les cas, il y a beaucoup à défaire et à faire dans l'administration de ces bureaux de bienfaisance, même en ne faisant pas tout ce que nous proposions.

Dans notre brochure sur les chemins vicinaux, nous avons aussi parlé d'une application des aumônes aux travaux des chemins, dans les termes suivants :

« Nous signalerons encore un moyen d'augmenter les ressources affectées aux chemins vicinaux. Nous en avons fait l'essai avec succès dans plusieurs communes de l'arrondissement de Fougères. C'est d'employer chaque année une partie des fonds des bureaux de bienfaisance à créer, pendant l'hiver, des ateliers de charité pour ramasser, extraire, briser de la pierre. Les bureaux de bienfaisance peuvent même tirer parti de cette pierre, pour augmenter leurs ressources, en la vendant aux communes à un prix modéré. Ainsi, tout le monde y gagne. L'aumône est donnée en travail, ce qui est toujours la meilleure manière de venir au secours des malheureux valides. Des personnes charitables peuvent adopter cette voie pour faire leurs aumônes. Il en résulte, pour l'administration des secours publics et particuliers, une organisation simple, facile à généraliser et qui entre très-bien dans le cadre du service de la vicinalité, centralisé et organisé comme nous le proposons, puisque ce service vient en aide à cette amélioration par le prêt de son outillage, de sa surveillance et de la direction de son personnel. »

CHAPITRE IX.

Des influences bonnes et mauvaises que les hommes éclairés exercent sur l'agriculture.

En 1832-1833 , le conseil général d'Ille-et-Vilaine eut la bonne inspiration de créer une ferme-école, des comités cantonnaux d'agriculture. L'instruction agricole était alors si peu répandue, que les comités ne comprenaient pas ce qu'on leur demandait, que l'administration ne savait pas ce qu'elle leur demandait. Ils établissaient leurs programmes de primes de manière à dire : *plus on a de terrain à cultiver, moins il faut avoir de nourriture-fourrage.* Ils répondaient que l'assolement n'était pas assez pratiqué pour lui donner des primes. Ils primaient les défrichements , croyant primer l'assolement ; ce qui n'était pas étonnant. puisque, dans un département où on trouvait une société d'agriculture , une ferme-école, on lisait dans l'arrêté du préfet sur les primes : « Article 4.... 2º défrichement (as-
» solement alterne et régulier , concernant la culture alterne et-
» successive des différentes espèces de grains et de racines ali-
» mentaires). » *Textuel.*

En 1855. après vingt-deux ans et plus d'existence d'une société d'agriculture à Rennes, de comités cantonnaux d'agriculture, d'une ferme-école placée sur les pavés de Rennes, lorsqu'un Manuel d'agriculture, pour le département, a été publié en 1840, par M. Bodin , l'un de nos plus habiles directeurs de fermes-écoles ; lorsque M. Bodin a créé une excellente fabrique d'instruments aratoires, qui se vendent en grand nombre et ont fait connaître son école ; avec tous ces éléments de succès, la chambre d'agriculture de Rennes disait en 1855 : « Partout
» l'assolement est triennal (blé noir, froment. avoine). Le trèfle,
» dont la culture commence à se répandre. les racines et les au-
» tres fourrages ne sont cultivés qu'en *dehors de l'assolement.* »
M. Bodin, dans son rapport de 1855 sur la culture de la ferme-école, vu le mauvais assolement suivi dans le pays, disait :
« En effet, que voyons-nous autour de Rennes ? Des terres où
» l'avoine bulbeuse domine , et il y a tels champs de froment
» ou d'avoine qu'il faut regarder de très-près pour savoir

» quelle plante on a voulu y cultiver. » Tout cela prouve combien est faible la puissance de l'exemple , en l'absence de la
*publicité-rurale, générale, répétée, permanente, faite à tous
les ménages , à tout individu sachant écouter, lire, produisant l'agitation agricole permanente ;* en l'absence d'un centre directeur quelconque, homme ou société, d'un pouvoir qui
organise, centralise l'action, non seulement donne l'impulsion ,
mais même impose sa volonté, si cela est nécessaire. Nous pourrions citer, et chacun peut citer, d'autres faits analogues , qui
prouvent le peu de valeur de l'exemple, des comices, des sociétés d'agriculture , en l'absence de l'agitation, de la publicité
agricoles, de la propagation de l'instruction agricole par les ouvrages , les journaux d'agriculture, les lectures à haute voix ,
les conférences agricoles. Toutes nos institutions agricoles sont
de bons instruments, mais il faut savoir en jouer.

Malgré nos instances pressantes, réitérées, motivées, depuis
1837 surtout , auprès des comités de l'arrondissement de Fougères, des préfets et du conseil général du département d'Ille-
et-Vilaine , pour obtenir que l'on forçât la main aux comités ,
en exigeant d'eux qu'ils accordassent les plus fortes primes pour
les cultures fourragères, pour un bon cours de récoltes , pour
les fermes ayant le plus de bestiaux. C'est seulement pour 1841
que nous parvînmes à faire adopter à tous les comités de Fougères un programme uniforme , rationnel, assez détaillé pour
servir *d'enseignement* aux cultivateurs , publié en temps convenable, un an avant le concours ; que nous pûmes obtenir des
concurrents des déclarations assez circonstanciées pour leur
servir *d'enseignement ;* que nous devînmes le directeur des
comités. Et cela , grâce à l'appui de M. le préfet Henry, qui ,
partageant nos idées , nous aida toujours de tout son pouvoir à
réaliser les améliorations , que nous proposions pour l'arrondissement de Fougères et pour le département, pour organiser,
centraliser la direction des comités d'agriculture ; mais ce qu'il
ne put appliquer à tout le département, comme il l'eût désiré.

M. Henry avait bien voulu dire de nous, en parlant des chemins vicinaux : « Plus que tout autre, il avait vu que l'avenir
» de cette œuvre était tout entier dans une centralisation forte
» et complète de l'action administrative et de la direction des
» travaux. Le premier, il a réalisé cette centralisation dans son
» arrondissement, et, par l'exemple de ce qu'il avait obtenu,

» encouragé l'administration à se maintenir dans cette voie. »

M. Henry aurait pu dire à peu près la même chose à l'égard des comités d'agriculture; seulement ne pouvant agir dans cette question, sans l'agrément du conseil général, qui l'arrêtait dans ses bonnes intentions, il ne put réaliser le bien qu'il avait conçu. C'est qu'alors, ce n'était plus le conseil général qui avait fondé l'école et les comités d'agriculture ; c'était le conseil général produit par l'élection, où n'étaient plus les fondateurs des institutions agricoles, et qui nous fit la réponse que nous avons rapportée, parce qu'il ne croyait pas à la valeur de l'instruction agricole ; qui, sans mauvaises intentions, se montrait défavorable à toute amélioration agricole ; craignant surtout, d'après les idées du temps, de voir l'administration administrer , l'autorité prendre l'initiative, entraver la liberté des comices. Ce fut sans doute ce conseil général, qui supprima le cours d'agriculture, qui avait été fait en 1832 aux instituteurs de l'école normale de Rennes, et qui vient d'être rétabli. Depuis 1848, les préfets d'Ille-et-Vilaine sont intervenus comme eût voulu le faire M. Henry, dans la direction des comices du département. Il ne pourra en résulter que du bien, si surtout, à défaut de connaissances agricoles , ces administrateurs consultent des hommes très-compétents, qui ne leur manqueront pas à Rennes.

On entend souvent dire, en France : le gouvernement ne protège pas l'agriculture. Cela n'est pas tout-à-fait vrai, il fait même parfois autant pour l'agriculture que pour les autres branches de l'industrie ; mais, en général, le personnel de l'industrie agricole, propriétaires et cultivateurs, étant peu éclairé, connaissant mal ses intérêts, répond mal aux avances qu'on lui fait ; il ne veut pas prendre l'initiative et il craint celle du gouvernement. « Si l'administration ne prend pas plus souvent l'initia-
» tive, disait M. Yvart au concours de Poissy de 1843, c'est que
» longtemps, par suite de fausses idées, on lui a imposé l'obli-
» gation de laisser faire. Elle en avait si bien pris l'habitude,
» que, lorsqu'il a fallu distribuer pour la première fois, en
» encouragements agricoles, un fonds de 60,000 fr. spontané-
» ment voté par les chambres, cette faible somme n'a pu être
» employée. » Cela a bien changé depuis; tout le monde demande à l'État de l'argent, pour encourager l'agriculture; mais c'est pour ne pas donner le sien ; on continue toujours à vouloir que le gouvernement n'intervienne pas dans la distribution de cet argent.

Le gouvernement ne s'occupe-t-il pas d'agriculture, lorsque, chaque année, il consulte les conseils de département, d'arrondissement, les conseils, comices, sociétés, chambres d'agriculture ? S'il recommence tous les ans, c'est que, sans aucun doute, les réponses de ces assemblées sont très-souvent fort-peu satisfaisantes. N'est-ce pas encore le gouvernement qui, depuis 1834, insiste chaque année auprès des conseils de tout genre sur la nécessité de propager l'instruction agricole, sur l'importance des prairies, des irrigations, etc. ; qui en 1837 a fondé des prix pour les meilleurs Manuels primaires d'agriculture ? Sans doute, vu l'esprit indifférent, jaloux, arriéré des propriétaires et cultivateurs français ; vu le défaut d'esprit d'association, qui règne en France, le gouvernement pourrait et devrait prendre beaucoup plus souvent et plus largement l'initiative dans les questions agricoles ; mais lui-même ne sait pas toujours ce qu'il y a de mieux à faire, et néanmoins il est presque toujours en avant de la généralité des populations sur toutes ces questions. Ce qui prouve l'état peu avancé des idées agricoles des propriétaires français, c'est que, lorsqu'il s'agit de faire une loi qui intéresse l'agriculture, c'est-à-dire la propriété, c'est tout un, on invoque toujours la crainte des prétentions des propriétaires, on trouve toujours, comme l'a dit la chambre d'agriculture de Rennes, en 1855, répondant aux propositions du gouvernement : « *Que les dispositions pro-* » *posées* (en ce qui touche le libre écoulement des eaux) » *seraient une nouvelle atteinte au droit de propriété, au-* » *quel on ne doit apporter d'entraves que dans le cas de* » *nécessité absolue.* » *!!!*

Comparez ces idées avec celles des propriétaires anglais ; et cependant, où le droit de propriété est-il plus respecté, plus sacré qu'en Angleterre ? Voilà où en sont, en France, non pas les propriétaires, mais les *membres des chambres d'agriculture !* Le droit de propriété des eaux courantes, mais il n'appartient qu'à Dieu, comme l'air et la lumière ; ces eaux sont du domaine public, le droit d'en jouir est à tous ceux qui peuvent s'en servir pour féconder la terre, comme ils se servent de la voie publique, seulement en se conformant aux lois qui ne doivent avoir pour but que de régler *ce droit de jouissance.* Puisque l'eau c'est du foin, le foin de la viande, de l'engrais, du pain : entraver le libre écoulement des eaux, *c'est porter at-*

teinte à la vie de l'homme. Y a-t-il une nécessité plus absolue que celle de vivre, que celle d'augmenter la production alimentaire, et un moyen plus puissant d'augmenter cette production que de donner la liberté la plus grande possible de tirer parti des eaux, ce bienfait que la Providence a répandu sur tout le sol et que nous ne savons pas utiliser ? Y a-t-il une atteinte plus grande portée au droit de propriété, que celle qui entrave la plus grande production des aliments indispensables à la vie de l'homme ? L'irrigation donne le fourrage, le fourrage le bétail, le bétail le fumier, le fumier le grain, le fourrage et la viande. Qui a du foin a du pain, qui a de l'eau a du foin. Si tu veux du blé, fais des prés. Ce n'est pas ce que l'on sème en grain qui produit du grain, c'est ce que l'on sème en fourrage et ce que l'on fume. Ce n'est pas ce que l'on élève de bétail qui donne du fumier, c'est ce que le bétail mange. Le foin est la matière première du fumier, et le fumier donne tout. Du fient, du fient et encore du fient. Tout cela est bien simple, mais tout cela est ignoré de nos propriétaires les plus éclairés, même de nos membres des chambres d'agriculture, auxquels il faut l'apprendre par tous les moyens.

Et n'est-ce pas aussi les hommes les plus éclairés de France qui proposent et votent des lois insuffisantes pour améliorer l'agriculture, qui émettent des vœux, prennent des mesures entièrement contraires à ses intérêts, qui s'abstiennent de faire les prescriptions qui pourraient lui être utiles, ou qui le font trop timidement, et tout cela, non par mauvaise intention, mais faute de savoir, faute de comprendre. Ce sont les conseillers municipaux qui, en imposant la viande à l'octroi des villes, entravent sa consommation et par suite la production du fourrage, du bétail, des engrais, du grain, enfin tous les progrès de l'agriculture; au point que, à Paris, le prix du kilogramme de viande est augmenté de 30 centimes par les droits; au point que les Anglais pourraient acheter à Londres la viande de bœufs engraissés à la porte de Paris, 7 centimes de moins que les Parisiens. Ce sont des taxes inintelligentes, qui, taxant les *morceaux* et non la *qualité*, encouragent la production de la mauvaise viande; qui, taxant la viande de vache bien au-dessous de celle de bœuf, entretiennent le préjugé si faux, si nuisible à tous, sur l'infériorité de la viande de vache; amènent la réduction du nombre des vaches, cette source de production de la viande, et des bénéfices des cultivateurs les plus nombreux, des petits, qui n'élèvent que des vaches.

Il importe donc beaucoup, dans toutes ces questions agricoles, de tenir compte du milieu dans lequel on agit, de faire la part de ce milieu, que l'on ne met jamais en cause, et celle des gouvernants, que l'on accuse toujours de tout, surtout en France. Alors on reconnaîtra, avec l'ignorance de la grande majorité des propriétaires et cultivateurs, avec l'indifférence, l'intelligence souvent faussée des propriétaires les plus éclairés, qui pourraient beaucoup, mais qui n'agissent pas, ou qui le font à contre-sens, que l'obstacle aux améliorations agricoles est bien autant dans les populations que dans le gouvernement.

Si, d'un côté, on se plaint que nos gouvernements ne protègent pas assez l'agriculture, ou qu'ils la protègent mal; de l'autre, beaucoup craignent toujours l'intervention de l'autorité; on réclame la liberté d'initiative, l'affranchissement des comices. Il y a là une contradiction, qui trouve sa justification dans la position faite au personnel des préfets et sous-préfets. Depuis soixante ans, la France possède l'unité administrative : elle n'a encore été gouvernée que politiquement, mais jamais administrée. Les gouvernements, qui se succèdent si rapidement chez nous, arrivent tous avec l'intention de faire administrer le pays, mais leurs bons désirs restent toujours à l'état d'intention. Ils ont à satisfaire, avant tout, à ce qu'ils appellent les exigences politiques, comme si la plus grande exigence politique n'était pas de bien administrer le pays. Les préfets et sous-préfets, choisis en vue de satisfaire à ces exigences, n'ont presque jamais aucune des qualités nécessaires pour faire de bons administrateurs ; les eussent-ils, on ne leur donnerait pas le temps d'en faire usage. La mobilité des préfets et sous-préfets est la loi des exigences politiques; la stabilité est celle de la bonne administration. Aussi on ne tient jamais compte à ces magistrats de leurs qualités comme administrateurs, on ne leur donne de l'avancement que pour leurs qualités politiques.

Pour les améliorations agricoles plus que pour toute autre chose, il faut de l'esprit de suite, d'observation, plus que de la persévérance, de la ténacité. Comment demander tout cela à des administrateurs qui ne font que passer ? Quel intérêt d'ailleurs peuvent-ils porter à un pays, où ils savent qu'ils ne feront qu'un court séjour? Quelle confiance peut inspirer aux populations un administrateur, dont elles auront à peine le temps de connaître le nom ? Dans de pareilles conditions, on comprend que l'on craigne de voir intervenir, dans la direction des intérêts agricoles du pays, un fonctionnaire qui, ne pouvant les connaître, est exposé à agir contre ces intérêts. Mais si, au lieu de cela, les gouvernements avaient partout des préfets et sous-préfets, administrateurs, stables, se montrant actifs, intelligents, dévoués aux intérêts de l'agriculture, nous pensons que leur intervention, dans toutes les choses de l'agriculture, pourrait être très-utile.

Si nous savons par nous-même combien la position des gouvernants est souvent mal jugée ; quelle résistance les préjugés des populations ignorantes et même éclairées opposent à toute amélioration ; quels efforts désintéressés il faut faire, quel entêtement il faut avoir, quel temps il faut mettre pour être écouté et compris ; nous savons aussi, par ce que notre position de sous-préfet nous a permis de faire, pendant 17 ans que nous avons administré l'arrondissement de Fougères, que rien ne peut remplacer les moyens d'action dont l'administration dispose, que nul comice, nulle société d'agriculture, n'eût pu faire ce que nous avons fait. Au reste, tout le monde ne partage pas, à l'égard de l'intervention de l'administration dans les choses de l'agriculture, la prévention, que nous combattons. Les *Annales de l'Agriculture française* de juin 1841, en rendant compte de nos efforts pour répandre l'instruction agricole par les ouvrages d'agriculture et les conférences du Dimanche, ajoutaient : « Nous avons préconisé dans le temps les belles ins-
» pirations de M. le comte de Gasparin, en faveur de l'indus-
» trie agricole dans les départements de l'Isère et du Rhône,
» qu'il a si habilement administrés. Nous avons également
» signalé, comme exemple utile à faire connaître, les efforts de
» M. Tessier dans le même but, lorsqu'il administrait l'arron-
» dissement de Thionville, et bientôt après le département de
» l'Aude : ce zèle interrompu trop tôt, par une mort préma-
» turée, est encore l'objet de bien justes regrets parmi ses
» administrés, qui révèrent sa mémoire. Tout plein que nous
» soyons des souvenirs des Cafarelli, des De Villeneuve, qui se
» sont immortalisés dans leurs départements, par de semblables
» dévoûments, nous déplorons que ces hommes si utiles ne se
» rencontrent que de loin en loin dans le nombre assez étendu

» de nos chefs-lieux d'administration. *Apparent rari nantes...*»

Si ces hommes utiles paraissent si rarement dans notre administration française, cela tient d'abord aux causes que nous avons signalées, ensuite à un préjugé généralement répandu dans le monde des gens éclairés et même dans le monde des sous-préfets. On croit qu'un sous-préfet est un administrateur impuissant, parce que, dit-on, il ne peut prendre l'initiative, et qu'il en est surtout ainsi sous les gouvernements parlementaires.

Nous avons surabondamment prouvé, dans l'arrondissement de Fougères, combien cette idée est fausse, et que, malgré l'insuffisance des dispositions légales, on peut encore faire le bien, tant il est vrai que ce qui manque, ce n'est pas la loi, c'est l'administrateur, qui sait en tirer parti. Nous croyons même qu'un sous-préfet peut avoir plus de puissance, comme administrateur, qu'un préfet. Le préfet, obligé de donner une grande partie de son temps à l'administration générale, ne peut entrer dans tous les détails de l'administration de son arrondissement. Etant, bien moins que le sous-préfet, en contact avec les administrés, il n'arrive pas à bien connaître tous leurs besoins, et les arrondissements du chef-lieu de département ne sont pas toujours les mieux administrés. Aussi, le génie administratif de l'Empereur Napoléon Ier avait très-bien compris l'utilité d'avoir des sous-préfets, dans tous les arrondissements du chef-lieu de département.

Quand on comprendra les choses à droit sens, que l'on fera de l'administration une science et non un métier, comme cela a eu lieu jusqu'ici, on reconnaîtra que le véritable administrateur est le sous-préfet, et non le préfet ; mais le sous-préfet stable, non uniquement homme politique, comme gouvernements et public le comprennent mal à propos ; mais homme politique-administrateur, car la bonne administration est et sera toujours la meilleure politique des gouvernements, ce que jusqu'ici, malheureusement pour eux et pour nous, ils n'ont encore jamais bien compris.

Le gouvernement actuel, qui doit sa force et sa puissance aux cultivateurs, qui a pouvoir de tout faire, abandonnera sans doute les errements de ses prédécesseurs, il donnera enfin des administrateurs à la France. Il le peut, avec la faculté qu'il a d'avancer les préfets et sous-préfets sur place, amélioration très-importante, mais qui a encore été comprise à moitié et à contre-sens. Si, comme nous le croyons, c'est le sous-préfet qui est l'administrateur, il fallait que le gouvernement pût l'avancer sur place jusqu'aux appointements de préfet de 3e classe ; cela serait beaucoup plus utile que de pouvoir avancer les préfets de 3e classe à la 2e. Des préfets, qui ont 20,000 fr. d'appointements, n'ont nul besoin d'avancement sur place.

Loin de craindre l'intervention de l'administration dans l'agriculture, il faut au contraire tout faire pour amener les hommes, qui touchent en quelque point à l'administration, à s'intéresser aux choses de l'agriculture, surtout en France, où les particuliers ne savent pas prendre l'initiative. D'ailleurs l'impulsion, l'initiative de toutes les améliorations doivent venir d'en haut, des hommes les plus éclairés, les plus haut placés. C'est pour cela que, dans la commune rurale, nous avons mis le curé, le maire, l'instituteur membres de droit, volontaires ou honoraires, des comités communaux. Dans cette affaire, on ne peut forcer personne ; mais comme il est à désirer que ces trois représentants, de tous les intérêts de la commune, prêtent leur concours actif à l'organisation des conférences agricoles, il faut qu'ils entrent à un titre quelconque dans le comité.

L'instituteur n'a-t-il pas intérêt à voir la richesse agricole de la commune se développer? Le besoin d'instruction, la faculté d'en acquérir, ne seront-ils pas en raison directe de l'augmentation de l'aisance générale? Qui, plus que le maire, doit désirer de voir ce meilleur gage de l'ordre, de la paix, le bien être matériel, arriver à ses administrés? Comme nous l'avons dit, les premières conférences agricoles du Dimanche furent établies par MM. Gouillaud, prêtres, et d'autres ecclésiastiques nous prêtèrent leur appui, pour en favoriser la propagation.

D'ailleurs, chaque jour, un plus grand nombre de membres du clergé catholique dirigent avec activité leur attention vers l'agriculture. Des Evêques font enseigner l'agriculture dans leurs séminaires. On ne saurait trop favoriser ces heureuses tendances, qui prouvent que l'on comprend qu'il ne faut pas séparer ce que Dieu a réuni. Les intérêts religieux et moraux de l'homme sont en effet intimement liés à ses intérêts intellectuels et matériels; le développement de tous ces intérêts doit être simultané, parallèle : ceux qui ont charge d'âme doivent aussi chercher à affranchir l'homme des nécessités matérielles trop extrêmes de la vie, afin de laisser à l'âme toute liberté, pour mieux recevoir l'enseignement religieux et moral et le mettre en pratique. Agir ainsi, c'est, suivant l'expression de M. le coadjuteur de Nancy, bénissant en 1841 des bateaux à vapeur, « sanctifier la matière, la faire servir au triomphe de » l'esprit et marcher dans les voies du christianisme. » C'est dans le même sens, que Mgr l'archevêque de Paris disait, dans sa circulaire du 15 décembre 1855 : « Je sais bien que c'est le » soin des âmes qui regarde directement le prêtre ; mais puis- » que l'âme est unie au corps, soulager le corps, c'est souvent » le plus sûr moyen pour arriver au soulagement de l'âme, à » la guérison de ses maux. »

« Encourager l'agriculture, disait aussi, en 1841, M. le mi- » nistre de l'agriculture, ce n'est pas seulement travailler au » bien-être physique de la population et asseoir notre richesse » nationale, c'est encore, j'ose le dire, contribuer au dévelop- » pement moral du pays. »

Comme on le voit, ecclésiastiques et laïques sont d'accord sur cette question. S'occuper d'agriculture pour le clergé, c'est en effet revenir aux grandes traditions du christianisme. L'accession des barbares à la foi évangélique a décidé, en faveur du climat de la France, deux résultats immédiatement utiles. Elle a ralenti le cours des dévastations, elle a encouragé le développement de l'agriculture. Le christianisme prêchait, avec les exercices de l'esprit, le travail des mains. Les moines de cette époque ne vivaient, en général, que du produit de leurs cultures. L'amour de la retraite les conduisait dans les lieux déserts, qu'ils cultivèrent de leurs propres mains. Quelques papes, justes appréciateurs de cette tâche laborieuse, autorisèrent à la poursuivre, même les jours fériés. Les premiers couvents s'élevèrent de préférence dans des lieux sauvages ; leurs fondateurs choisissaient ordinairement un terrain en friche ou dévasté, un bois, un marais, toujours une localité inculte, malsaine, inhabitée. Les couvents changeaient même quelquefois des clos en plein rapport, contre un terrain improductif, pour se livrer à la culture. La plupart des terrains, concédés à des couvents et devenus fertiles, étaient dans l'origine stériles, malsains.

CHAPITRE X.

Conclusions.

Chacun, de ceux qui se sont occupés de la question des subsistances ou de l'amélioration de l'agriculture, ce qui est la
même chose, propose ses moyens de la résoudre ; il les regarde
comme infaillibles, fait fi de ceux des autres et demande la solution par exemple : A l'Algérie, qui jusqu'ici nous a plus pris
que rendu, qui, lorsqu'elle sera en état de nous être utile,
nous échappera peut-être, ou n'aura pas trop pour elle. A la
diminution des bouches, par l'émigration, ou l'application des
théories Malthusiennes, moyens barbares et contre nature.
Aux défrichements et desséchements, qui coûtent souvent plus
qu'ils ne rapportent. Aux greniers d'abondance, dans lesquels
nous n'avons rien à mettre. A la libre entrée des grains et des
bestiaux, qui, dans certaines années, nous ruinerait. Aux écoles
d'agriculture, qui donnent l'instruction à un habitant sur cent
mille. Aux comités d'agriculture, dont beaucoup en sont encore
à ne donner que des primes aux plus beaux bestiaux. A l'enseignement, sur place, par les ingénieurs agricoles, dont nous
n'aurions pas un par arrondissement dans 100 ans. A l'évacua-
tion de la population surabondante des villes dans les campagnes, population anti-agricole, que, dans l'état pauvre et arriéré
de notre agriculture, on ne saurait comment employer. Au
chemin de fer de l'Océan à la Méditerranée et aux autres chemins de fer, qui voitureront plus vite les subsistances, mais qui
n'en augmenteront pas la quantité. Aux banques foncières et
agricoles, qui procureront des capitaux aux propriétaires et aux
fermiers, mais non l'instruction agricole, qui apprend à en
faire un utile emploi. Aux baux à long terme, qui ne rendront
pas bons laboureurs ceux qui ne le sont pas. A la suppression
de la division de la propriété, du métayage, de la vaine pâture,
dont on exagère les effets. A la facilité, au bon marché des
transports, au perfectionnement de toutes les voies de communication, qui en effet, favorisant le transport, les débouchés,
favorisent la consommation et la production. A la conversion
volontaire ou forcée, à l'aide d'arrosages, des terres médiocres

en prés naturels et artificiels , pour augmenter les fourrages, le nombre des bestiaux, la quantité de fumier, et par conséquent la nourriture de l'homme en viande et en pain. Qui a du fourrage a du bétail, qui a du bétail a de la viande et du fumier, qui a du fumier a du grain, qui a du foin a du pain. Voilà le moyen, le but, la cause, l'effet, et encore ce moyen ne peut être général , il n'y a pas partout de moyens d'irrigation. Enfin à l'opération, plus récemment connue, du drainage, opération très-utile, augmentant beaucoup la production des terres trop humides, mais toutes les terres ne sont pas dans le cas d'être drainées.

Si chacun des moyens que nous avons indiqués, pour favoriser le développement de l'agriculture et par conséquent pour résoudre la question des subsistances, ne saurait *seul* y parvenir, chacun a sa valeur particulière ; celui qui ne convient pas à telles localités, à telles circonstances, convient à telles autres: il n'y a rien d'absolu. Il ne faut donc dédaigner aucun moyen ; suivant les circonstances, il faut les employer tous , séparément et concurremment, avec ceux que nous avons recommandés : lecture des livres d'agriculture dans les écoles; publicité des faits agricoles; propagation des livres et journaux élémentaires d'agriculture courts et à bas prix ; lecture à haute voix de ces livres et de ces journaux dans les conférences agricoles communales du Dimanche et cantonnales des jours de foire et marché; instruction dans ces conférences par des professeurs permanents et ambulants, en un mot enseignement agricole *rural, sur place*, enseignement dont on a reconnu les bons effets en Angleterre, en France dans plusieurs départements, arrondissements, cantons, communes. En un mot, INSTRUCTION AGRICOLE, ce qui comprend tout, parce que cela conduit à la réalisation de tout. Ainsi, rien ne fera plus promptement disparaître la vaine pâture, que l'instruction agricole, faisant adopter aux cultivateurs un cours de récoltes telles que la terre sera toujours ouverte, ensemencée, couverte de récoltes. Rien ne fera plus promptement disparaître le métayage, que l'instruction agricole, qui, en apprenant au métayer et au propriétaire à mieux préparer, employer les fumiers, à adopter un meilleur aménagement des cultures et du bétail, enrichira le métayer assez pour lui permettre de devenir fermier. Rien, plus vite que l'instruction agricole, ne fera comprendre aux propriétaires et aux cultivateurs toute la valeur; tous les avantages des baux à long terme, reposant sur la solidarité des intérêts, garantissant la conservation des améliorations acquises au sol, au fermier le paiement de la plus-value que ses travaux ont donné à la terre; au propriétaire l'intérêt des fonds qu'il a placés en améliorations foncières; rien, plus vite que l'instruction agricole, ne leur fera comprendre toute la valeur, tous les avantages du drainage, des labours profonds, du bon aménagement des cultures, des fumiers, du bétail, de toutes les associations pour la production, l'acquisition économique; pour la destruction des causes qui attaquent la vie de l'homme, des animaux, des plantes; pour l'atténuation des sinistres qui les frappent; pour les travaux qui n'ont de valeur que par leur exécution en commun, avec ordre, ensemble, etc.

La meilleure preuve que nous puissions donner de l'influence des moyens que nous recommandons et dont nous avons mis quelques-uns en pratique, et encore partiellement, c'est que M. Anjuère, secrétaire de la société d'agriculture de Fougères, a pu écrire dans *la Chronique de Fougères* que, aux concours de bestiaux des sociétés d'agriculture de Rennes et de Fougères, qui ont eu lieu à Fougères en 1851, des hommes compétents ont reconnu que ce concours était un des plus remarquables de Bretagne. Et M. Chevalier de la Teillais, inspecteur d'agriculture du département et rédacteur du *Journal d'Agriculture pratique* d'Ille-et-Vilaine, en rendant compte du concours de 1853 de l'arrondissement de Fougères, disait: « Point d'amélioration possible dans les races de bestiaux, si » on ne commence tout d'abord par améliorer leur régime, et » leur assurer une alimentation abondante par la culture des » racines et des fourrages artificiels. L'arrondissement de Fou- » gères est un des plus avancés sous ce rapport : aussi ne doit- » on pas être surpris d'y trouver des bestiaux plus améliorés.»

En employant avec intelligence, esprit de suite, avec l'appui des hommes riches et éclairés et du gouvernement, tous les moyens que nous avons indiqués, la France arriverait, sans aucun doute, à produire les denrées agricoles avec une économie et une abondance telles, qu'elle n'aurait plus besoin de s'inquiéter beaucoup de l'exactitude de la statistique annuelle des récoltes, et qu'elle aurait un excédant considérable à exporter. L'agriculture française a, jusqu'ici, produit les céréales plus chèrement qu'en Russie, en Egypte, aux Etats-Unis, parce que, faute de capitaux et surtout *d'instruction*, elle n'a pas su, comme l'industrie manufacturière, utiliser tous les progrès de la mécanique et des sciences. Mais que l'art et la science agricoles pénètrent dans nos campagnes, que les laboureurs adoptent, pour les travaux des champs, des procédés rationnels, plus certains, plus économiques ; que les débouchés augmentent, que les frais de transport diminuent par l'amélioration des communications rurales ; que les canaux et les chemins de fer soient tracés non en vue de la spéculation, mais en vue des intérêts agricoles ; que les cours d'eau soient rendus à leur destination providentielle, la navigation et l'irrigation ; que les prairies naturelles et artificielles, herbacées, racines, se multiplient ; que la masse et la puissance des engrais augmentent par la vulgarisation des meilleures méthodes pour les recueillir, les préparer, les employer ; que les amendements se répandent ; que le drainage soit appliqué non d'une manière incomplète, morcellée, mesquine, mais avec des vues larges, d'ensemble, organiques, telles que tous les cours d'eau, étant nivelés, creusés, redressés, régularisés, puissent recevoir les eaux si fécondes du drainage, qui seront ainsi employées aux irrigations ; alors les cultivateurs pourront certainement produire et vendre à plus bas prix, tout en gagnant davantage.

En Angleterre, le grain n'est jamais au-dessous de 20 fr. l'hectolitre ; le fret, d'un port quelconque de la Manche en Angleterre, est au plus de 1 fr. 40 par hectolitre, et le retour est assuré au moyen du charbon de terre. Il suffirait donc de produire le grain à 17 fr. l'hectolitre, pour en fournir à l'Angleterre : or nous allons voir qu'il est possible de le produire non seulement à 17 fr., mais à 13 fr. et même à 7 fr. 52. Le prix normal moyen du grain en France varie de 17 à 19 fr., c'est aussi le prix des grains d'Odessa, arrivés dans le grenier du commerçant de Marseille ; il faut encore y ajouter les frais de transport à l'intérieur, de plus ces grains sont de qualité inférieure à ceux de France. Il suffirait donc de faire faire très-peu de progrès à notre agriculture, pour exclure entièrement les grains d'Odessa de notre marché, pour avoir le monopole de l'approvisionnement de l'Angleterre en grains, et pour rendre inutiles tous les systèmes de droits à l'entrée et à la sortie des grains de France. Déjà aujourd'hui, avec les chemins de fer, les canaux et des prix de transports réduits pour les grains, les prix tendent à se niveler en France , nos départements de production céréale peuvent faire aux grains d'Odessa une concurrence sérieuse. Mais nous ne devons pas nous endormir sur ces résultats, en présence des progrès de la mécanique agricole, qui, par les mécaniques à faucher les grains , va surtout venir au secours des pays où on cultive, sans engrais et presque sans labours, d'immenses plaines de céréales, dont l'étendue cultivée en céréales n'était limitée que par la difficulté de faire la moisson. Dans ces pays, l'application des faucheuses mécaniques fera nécessairement abaisser le prix de production des grains : nous devons donc aussi chercher à abaisser le prix de production de nos grains, nous préparer à soutenir la concurrence, et nous le pouvons facilement si nous savons le vouloir.

Les statisticiens admettent que, *par an*, nous créons seulement *un milliard* de kilogrammes de viande ; que nous récoltons 180 millions d'hectolitres de céréales et farineux ; que notre population s'accroît de 200 *mille* âmes ; que nous souffrons, année moyenne, un déficit de *un million* d'hectolitres de céréales et farineux ; que ce déficit augmente de 500 mille hectolitres , si l'agriculture ne fait pas de progrès en rapport avec l'augmentation des besoins de la population.

Les agronomes admettent qu'un kilogramme d'azote représènte 40 litres ou 33 kilog. de blé ; que les fumiers et autres engrais contiennent en moyenne un demi-kilogramme d'azote pour 100 ; que les engrais du ciel peuvent donner, par an, à un hectare 10 à 30 kilog. d'azote, représentant 4 à 12 hectolitres de blé ; que nous n'utilisons que le *quart* de l'azote des engrais employés ; que nous ne disposons que du *tiers* des engrais produits de toute nature.

Ainsi, avec le seul *quart* de l'azote des engrais employés, nous produisons 180 millions d'hectolitres de céréales et farineux : donc, avec les *trois autres quarts* de l'azote perdu, nous pourrions facilement en produire 180 à 300 millions d'hectolitres de plus. En outre, avec les *deux autres tiers* des engrais dont nous ne disposons pas, nous pourrions, même en les employant comme on le fait aujourd'hui, produire 180 à 200 millions d'hectolitres en plus ; et, en employant *tout l'azote de ces deux autres tiers*, nous arriverions à une production nouvelle de 360 à 600 millions d'hectolitres, ou en totalité

à *onze cent millions* d'hectolitres, *six fois* la production actuelle, par le seul fait d'un meilleur aménagement dans la préparation et l'emploi des fumiers et autres engrais. Nous pourrions donc avoir en abondance des grains à exporter en Angleterre; d'un autre côté, quand l'Angleterre trouvera du grain
en France à des conditions avantageuses, elle n'ira pas le demander à Odessa, à New-Yorck, à la Pologne.

Quant aux bestiaux, nous en vendons déjà un grand nombre
aux Anglais ; nous leur en vendrons encore bien plus, lorsque
nous saurons fabriquer les races *précoces* de boucherie, qu'ils
préfèrent, et qui augmenteront notre richesse agricole. Nous
créons un milliard de kilog. de viande , nous pourrions en
produire *quatre à six milliards ;* et, comme le bétail donne
le fumier, qui donne le grain ; comme *un* kilog. de viande en
vaut *trois* de pain, si nous augmentions notre production en
viande de plusieurs milliards, nous augmenterions aussi la production en grains, directement par les fumiers, dans les proportions fabuleuses de plusieurs milliards d'hectolitres, et, indirectement, par l'augmentation de la consommation en viande,
qui laisserait libre en grains de quoi nourrir des millions d'individus de plus.

Mais produire plus de viande n'est pas tout, il faut surtout la
produire à bon marché, pour la rendre accessible à la classe
ouvrière, en élevant des bestiaux précoces de boucherie ; on en
nourrit *quatre à cinq* au lieu d'*un* des tardifs, avec la même
quantité de nourriture ; on en abat *trois à quatre* au lieu d'un
des tardifs, dans le même temps. Les bestiaux précoces, bien
nourris , donnant la viande , le fumier en abondance , de la
meilleure qualité, au plus bas prix, procurent le plus d'avantages en même temps aux producteurs et aux consommateurs.
Mais pas de précocité, pas d'aptitude à l'engraissement , sans
une nourriture abondante et substantielle, donnée aux animaux
depuis le ventre de la mère jusqu'à l'abattage.

Créons donc la publicité agricole rurale, instruisons les laboureurs sur place, faisons-leur connaître la VALEUR *des fourrages et des fumiers* , qui donnent tout : ce que démontrent
d'une manière *saisissante , mathématique*, les deux tableaux
suivants, qui résument toute l'agriculture , qui sont le *Credo
agricole* le plus abrégé que l'on puisse donner :

Une vache pesant 500 kilog., étant dans un état complet de nourriture d'*entretien*, suivant qu'elle recevra une ration de foin de.. 6 k.   20 k.

    Aura pour la ration d'*entretien*.............. 5   5
    Aura pour la ration de *production*........ 1   15
    Rendra en litres de lait..................... 1 lit.   15 lit.
    Donnera à 10 cent. le litre............... 0 f. 10   1 f. 50
    Paiera le kilog. de foin 1 cent. 1|2 et 7 c. 1|2. 0 015   0 075

100 kilog. de bon fumier, à demi-consommé, valant 78 cent., produisant en froment dans les terres mauvaises.... 3 à 5 k.
        dans les bonnes.............   10
        dans les très-bonnes........   15 et plus.

Un hectare de terre loué 45 fr., étant dans un état complet de fumure d'*entretien*,

Suivant qu'il recevra une fumure
de *production* de................. 9,000 k.   14,000 k.   20,000 k.
Rendra en hectolitres........... 14 h.   20 h.   40 h.
Donnera l'hectolitre au prix de.. 17 f. 52   13 f. 37   7 f. 52
Paiera les 100 k. de fumier le prix de 0   84   1   58   2   87
Donnera par 100 k. de fumier un
bénéfice de...................... 0   06   0   80   2   09

Il en serait de même pour les divers produits que donnent les animaux et les plantes. On en conclut *forcément* qu'il faut *immensément* de fourrages, herbes et racines, et des *montagnes* de fumier pour *produire tout à bon marché;* qu'il y a tout profit à donner *abondamment* la nourriture aux animaux, la fumure aux terres ou aux récoltes; qu'il vaut mieux, pour les leur donner abondamment et avoir plus de profit, *réduire* le nombre des animaux, l'étendue des récoltes, que d'en élever, d'en cultiver trop, qui, mal nourris, mal fumées, donnent ou de la perte ou très-peu de profit. Un animal mange en raison de son poids et de sa nature *précoce* ou *tardive* : 1° 1 kilog. de foin pour chaque 60 kilog. qu'il pèse, c'est la ration qui l'*entretient, sans donner de produit, de profit direct;* 2° de plus, au moins 1 autre kilog. pour chaque 60 kilog. qu'il pèse, c'est la ration qui donne du *profit,* de la *production* en développement de l'animal dans le ventre de la mère, croissance des jeunes animaux, lait, viande, graisse, laine, travail. De même les fumiers étant la nourriture de la terre (ou des récoltes), suivant son degré d'avancement de fertilité, sa nature *légère* ou *ténace*, elle doit recevoir également en quantité plus ou moins grande : 1° une ration de fumure d'*entretien ;* 2° une ration de fumure de *production ;* et c'est seulement quand les animaux et la terre ont reçu une ration suffisante , *complète d'entretien* , qu'ils donnent des produits avec profit , et cela, dans certaines limites et conditions, d'autant plus qu'on leur donne une plus forte ration de production , en plus de la ration complète d'entretien ; alors plus cette ration de production agit énergiquement , plus les animaux produisent en développement , croissance , lait , viande, graisse , laine , travail ; plus les récoltes prennent de fumure, plus aussi elles rendent de produits en fourrages, herbacés, racines; en graines ; plus les animaux et les plantes produisent *à bas prix*, plus ils paient *cher* leur nourriture, fourrage et fumier. Et si les rations de production sont insuffisantes, les produits se font parfois, en partie, aux dépens de la ration d'entretien, ce qui épuise les animaux et la terre ou les récoltes suivantes ; ce qui fait que le producteur récolte moins.

Ne doutons donc pas de nous , ayons confiance dans notre population agricole. aidons-la, encourageons-la. nous soutiendrons la concurrence des étrangers sur nos marchés et sur les marchés voisins. Les Français ne passent pas pour être moins intelligents que d'autres, au contraire, et nos agriculteurs ne demandent qu'à bien faire; mais ils ne savent pas toujours comment s'y prendre. Instruisons-les *sur place* , par la parole, dans les conférences agricoles communales du Dimanche , et cantonnales ; par la presse, par de petits livres et des journaux élémentaires d'agriculture à bas prix ou gratuits , en pages et en *affiche*, pour donner une publicité rurale, générale, permanente , à tous les faits agricoles , pour produire une *agitation* agricole. Faisons comme en Angleterre : dans cette question, ne craignons pas de nous montrer trop anglomanes , et avec un sol bien meilleur, un climat bien plus favorable , nous obtiendrons les mêmes résultats que les Anglais, résultats auxquels sont arrivés depuis longtemps la plus grande partie des départements du Nord, de la Seine-Inférieure, de la Somme, du Pas-de-Calais, de l'Oise ; résultats qui sont *dépassés* dans le département du Nord presque tout entier et quelques autres cantons détachés. Si dans une partie de la France on fait très-bien , on peut également bien faire partout. Mais, pour cela, il faut que tout le monde s'en mêle résolûment, avec persistance, que surtout l'impulsion vienne *d'en haut*, non pas seulement du gouvernement, mais surtout des hommes riches et éclairés.

CHAPITRE XI.

Résumé.

Nous n'avons jusqu'ici rien compris, d'une manière générale, aux moyens de propager les améliorations agricoles, parce que nous avons méconnu le principe proclamé par Montesquieu : « Les » lois sont les rapports nécessaires qui dérivent de la nature des » choses. » Il y a en tout des choses où l'ensemble est presque tout, où les détails ne sont rien ; au contraire, il y a des choses où *les détails sont tout*. Ce dernier cas est celui de l'agriculture : nous paraissons ne pas nous en douter, là est cependant la cause de notre infériorité agricole, qui cessera quand, prenant les choses suivant leur nature, nous descendrons dans les questions agricoles aux choses de détail.

Voici, en quelques mots, le résumé de la question agricole, les voies et moyens pour la résoudre. Que le gouvernement enjoigne aux préfets de prendre des arrêtés pour que : 1º par mesure de salubrité publique, les fumiers soient tenus, comme nous l'avons indiqué page 166 et suivantes ; 2º les comices adoptent un mode de distribution des primes dans le sens des indications de la note A , à la fin du volume ; 3º les chemins vicinaux soient faits et entretenus par l'association des communes ; les chemins ruraux par l'association des habitants de chaque commune (chapitre VIII, section V et VI) ; 4º l'instruction agricole soit répandue par tout ou partie des moyens dont nous faisons le résumé ci-après, et la France entrera dans une voie incessante de prospérité agricole, beaucoup plus rapidement que par tous les moyens lents, dispendieux, compliqués, insuffisants, que l'on emploie aujourd'hui. Mais, en France, un autre obstacle aux progrès de l'agriculture vient de ce que nous ne croyons pas à la valeur des moyens simples, qui, ne coûtant pas cher, sont à la portée de tout le monde ; or, en agriculture, ce sont précisément ceux-là qui sont les meilleurs.

Pour que la France sorte de son infériorité agricole, attirons l'attention des cultivateurs UNIQUEMENT sur les améliorations fondamentales, au lieu de la détourner sur un grand nombre d'objets importants, mais secondaires ; employons tous les moyens pour améliorer la production des *fourrages* et des *fumiers*, en quantité, en qualité, en emploi ; le reste viendra de lui-même. Pour cela :

1° *Forçons la main* aux comices, en exigeant qu'ils accordent tous ou presque tous leurs fonds d'encouragement à la production des fourrages et des fumiers ; qu'ils accordent de fortes primes aux exploitations agricoles, en se conformant aux règles indiquées dans la note A, à la fin du volume ; ce qui en outre les empêchera d'éparpiller leurs fonds en un grand nombre de primes d'un taux si faible, qu'elles ne provoquent aucunes améliorations réelles ;

2° Rendons obligatoire la bonne tenue des fumiers par mesure de salubrité publique ;

3° Propageons l'instruction agricole en enseignant l'agriculture :

1° *Aux enfants* des deux sexes dans les écoles de tous les degrés, par des professeurs, ou *plus simplement* en leur faisant apprendre de mémoire des manuels d'agriculture ; les interrogeant d'après ces manuels ; accordant des primes en argent à ceux qui font preuve des plus grandes connaissances agricoles. C'est ce que l'on a fait avec succès, en partie seulement, dans l'arrondissement de Fougères (Ille-et-Vilaine) en 1841, et d'une manière complète dans la Mayenne depuis 1847 ; dans le comice cantonnal de Putanges (Orne) depuis 1850 ;

2° *Aux jeunes gens* des deux sexes : aux *élèves* instituteurs dans les écoles normales, par des cours théoriques et pratiques ; aux instituteurs *en fonction*, par des conférences agricoles pendant les vacances ; ou *plus simplement*, comme on l'a fait avec succès dans la Mayenne depuis 1847, dans le canton de Putanges (Orne) depuis 1850, en donnant des primes en argent à ceux qui font preuve des plus grandes connaissances agricoles ; *aux soldats* dans les écoles régimentaires ; aux élèves des différentes écoles spéciales, ecclésiastiques, militaires, civiles, industrielles ; enfin à de jeunes garçons dans des fermes-écoles de divers degrés ;

3° *Aux jeunes gens et aux hommes faits*, qui ne peuvent aller aux écoles et qui forment la très-grande majorité, en créant l'*agitation* agricole, rurale, générale, permanente, sur place :

1° Par la publicité agricole rurale, par des journaux locaux élémentaires d'agriculture, en pages et en affiche ; par des instructions-affiches, placardées en permanence ; par des programmes de primes détaillés instructifs, en pages et en affiche;

2° En distribuant, par vente ou don, à tout individu sachant lire, homme, femme, enfant, des livres, des instructions sur l'agriculture, courts, à très-bas prix ;

3° Par l'organisation, dans *chaque commune*, de comices agricoles se réunissant *chaque dimanche*, ou de deux dimanches l'un, ou un dimanche par mois, et ayant des conférences, où l'on fait des lectures agricoles à haute voix, accompagnées d'explications plus ou moins développées, suivant les circonstances (1) ;

4° Par l'organisation, dans chaque canton, d'un comice se réunissant une fois par mois, le jour du marché, pour y avoir une conférence agricole, où l'enseignement plus élevé pourrait être donné par des professeurs ambulants et serait rapporté à chaque comice communal.

N'oublions pas que la puissance d'action des comices est en raison directe : 1° de leur plus grand rapprochement des cultivateurs ; 2° de la fréquence de leurs réunions ; 3° des fonds dont ils disposent ; 4° de l'intelligence avec laquelle ils les distribuent ; — que les programmes de primes des comices doivent être non immobiles, mais progressifs, plus ou moins compréhensifs, suivant les ressources dont ils disposent, en ne s'écartant pas des principes fondamentaux qui sont : 1° que les primes aient pour but d'encourager non pas tant *ce qui existe*, que ce que l'on désire voir exister, se généraliser ; 2° que l'annonce

---

(1) Par une circulaire du 1ᵉʳ mai 1856, M. Pastoureau, préfet, et par un article du 2 mai, du *Journal d'Agriculture pratique d'Ille-et-Vilaine*, la Société d'Agriculture de Rennes viennent de prendre sous leur patronage l'organisation des Conférences agricoles du Dimanche, que nous avions organisées il y a *quinze* ans. Que tous les préfets imitent M. Pastoureau, et, dans peu d'années la France n'aura rien à envier à l'Angleterre sous le rapport de l'enseignement populaire de l'agriculture.

des primes, étant précise, détaillée, instructive, soit un *enseignement* pour les laboureurs et reçoive une *grande publicité*; 3° que les primes soient assez élevées pour *enseigner* l'importance de l'amélioration demandée et pour qu'elles ne soient décernées qu'à ceux qui les ont réellement méritées; 4° que l'annonce des primes accordées reçoive une grande publicité, soit détaillée et rédigée de manière à être un *enseignement* pour les laboureurs.

Ces moyens sont simples, faciles à pratiquer, peu dispendieux, d'un effet prompt, ils sont vulgaires en Angleterre; ils ont été appliqués en France avec succès dans quelques localités. Au contraire, les moyens que l'on propose, que l'on emploie généralement en France sont compliqués, d'un effet très-lent; plusieurs sont entièrement inconnus des Anglais, dont l'agriculture fait cependant beaucoup plus de progrès qu'en France et en Belgique. En France, nous nous abusons complètement sur les effets, les résultats de nos moyens d'améliorer l'agriculture; il y a longtemps qu'un homme d'un grand bon sens, Dombasle, l'a dit avec beaucoup de raison, comme nous l'avons rappelé page 29. Les mesures que nous proposons, entièrement nouvelles pour la forme, quoique non législatives, sont de nature à donner aussi une grande impulsion à notre agriculture; et, si nous avions en main un pouvoir quelconque, nous n'hésiterions pas à en faire une application aussi large et aussi rigoureuse que possible. Le gouvernement actuel a pouvoir de tout faire, qu'il le veuille, et le bien sera fait.

Note A. [1]

Modèles de programmes détaillés de primes et de déclarations circonstanciées.

Voici ce que nous entendons par programmes détaillés, déclarations circonstanciées, pouvant servir *d'enseignement* aux agriculteurs, tels que nous les avons mis en pratique dans l'arrondissement de Fougères depuis 1841 :

PROGRAMME DES CONCOURS.

Il ne sera accordé de primes que pour deux catégories et pour des améliorations notables bien constatées. — AMÉLIORATIONS DE LA CULTURE. — *400 fr. en cinq primes au plus, qui pourront être inégales.* — Les déclarations indiqueront : la contenance de la ferme, et séparément en landes, terres labourables, prairies ; les quantités de terre labourable en friche ; les quantités cultivées 1° en plantes sarclées (pommes de terre, navets, choux, bettes, carottes) ; 2° en céréales de printemps ou d'automne (avoine, orge, blé), avec ou sans trèfle ; 3° en prairies artificielles semées en 1839, 1840 (trèfle, luzerne, ray-grass, ajonc annuel) ; 4° en céréales d'hiver (froment, seigle, orge, avoine) sur trèfle rompu semé en 1838, 1839 ; 5° en autres récoltes (sarrasin, millet, trèfle incarnat, avoine ou orge en vert, vesces d'hiver, chanvre, lin, etc.). On indiquera, pour chaque espèce de culture, la culture qui a précédé en 1840, celles qui suivront sur le même terrain en 1842, 1843, 1844 ; le nombre et l'espèce de bestiaux de toute nature entretenus sur la ferme ; les défrichements faits ; l'emploi d'instruments nouveaux, d'engrais non produits sur la ferme ; l'introduction d'usages ou de procédés non usités ; enfin toutes espèces d'améliorations agricoles seront indiquées ; on en tiendra compte dans la distribution des primes. — AMÉLIORATION DES BESTIAUX. — Les

---

(1) Page 36.

déclarations indiqueront : le genre, le sexe, l'âge, la taille, la robe de l'animal, depuis combien de temps le déclarant le possède ; le nombre de produits qu'il a donnés, depuis qu'il est livré à la reproduction ; sa filiation, autant que possible : pour les vaches, pour les mères des génisses et taureaux présentés, on indiquera le nombre moyen de litres de lait qu'elles donnent par jour et le nombre de mois qu'elles gardent leur lait. — Les propriétaires des animaux primés prendront l'engagement de les conserver dans l'arrondissement, au moins pendant un an, après le concours, et de les consacrer à la reproduction. — L'exactitude de toutes les déclarations sera certifiée par le maire et par deux propriétaires de la commune. — RACE BOVINE. — 1,500 *fr. en seize primes.* — Les primes seront décernées aux taureaux de tout âge, ayant au moins la taille de 1^{m}33 ; aux vaches et génisses de tout âge, ayant au moins la taille de 1^{m}30. Les primes pour les taureaux ne pourront être au-dessous de 60 fr., celles des vaches et génisses au-dessous de 40 fr. — RACE CHEVALINE. — 1,500 *fr. en seize primes.* — Aux chevaux mâles de tout âge, ayant au moins la taille de 1^m 50 ; aux pouliches et juments de tout âge, ayant au moins la taille de 1^{m}45. — PRIMES SPÉCIALES DE 400 FR. : pour étalon de race percheronne, bretonne ou normande, ayant les conditions suivantes : au moins la taille de 1^{m}50, trois ans faits, n'ayant pas fait la monte, étoffé, mais non massif, l'épaule longue, de bons aplombs, trottant bien et vite, la tête pas trop forte, l'encolure forte et longue, la croupe plutôt horizontale que verticale, enfin propre à donner le cheval de trait le plus vite et le moins massif possible.

Nous supprimons beaucoup de détails moins importants.

Voici le modèle des déclarations envoyé à chaque concurrent pour n'importe quel objet ; il était établi dans des dimensions telles, qu'il n'y avait qu'à le remplir, pour faire les déclarations.

CANTON   **ARRONDISSEMENT DE FOUGÈRES.**   'COMMUNE

de

M.   *fermier propriétaire.*   de   h   a   c.

La Ferme de   contient en taillis, landes....
prairies........
terres labourables
jardins, friches..

TOTAL.....

Sur les   hectares de terres labourables, il y a en pâture.........
culture.........

CULTURE DES CHAMPS EN LABOUR DANS LES ANNÉES SUIVANTES :

Noms des Champs.	Conten.	1840.	1841.	1842.	1843.	Observations.
	h. à. c.					
						Pour être admis à concourir, ce modèle de déclarations sera rempli en entier, même par ceux qui veulent seulement prendre part au concours POUR L'AMÉLIORATION DES BESTIAUX.

LES BESTIAUX ENTRETENUS SUR LA FERME SONT :

	NOMBRE.		NOMBRE.
Chevaux		Bœufs	
Juments		Vaches	
Poulains		Taureaux	
Pouliches		Veaux	
Moutons		Porcs	

LES ENGRAIS NON PRODUITS SUR LA FERME, QUI ONT ÉTÉ EMPLOYÉS, SONT :

QUANTITÉ.

Noir animal
Tangue
Chaux
Fumier.

AMÉLIORATIONS DIVERSES. — OBSERVATIONS GÉNÉRALES.

CONCOURS POUR LES BESTIAUX.

Espèce de l'animal.	Age.	Taille.	Couleur.	Depuis combien de temps est-il		Produits en		Observations.
						élèves.	lait.	
				sur la ferme?	livré à la re-production?	Nombre.	Quantité par jour.	
								Pour les pères et mères des animaux présentés au concours, on remplira les indications portées au tableau.

Le programme de la distribution des primes était aussi très-détaillé, pour les bestiaux comme pour les cultures, et toujours accompagné du programme des primes à distribuer pour l'année suivante. Ces deux programmes, imprimés en affiches, insérés dans le journal, étaient répandus en grand nombre dans les campagnes, en extrait du journal, et servaient ainsi d'*enseignement*. Le programme de la distribution des primes indiquait: le montant des primes accordées à chaque *catégorie*, le nombre des animaux présentés au concours, la race, l'âge, la robe, la taille des animaux, le montant de la prime accordée, le nom des propriétaires, des villages, des communes où ils habitent. — Pour les cultures: le nombre, le nom, la demeure des concurrents, l'étendue de l'exploitation, en totalité, en terres labourables, en prairies naturelles, en prairies artificielles, herbes et racines; en landes; le nombre de têtes de bétail entretenues et autres détails.

Aujourd'hui, nous établirions les programmes de primes à distribuer un peu différemment, d'une manière qui en ferait certainement un *enseignement* encore bien plus précis, plus rationnel, plus instructif, et dans le sens des indications des pages 41, 42, 46, 47. Nous essaierions de faire, pour les primes aux exploitations, une application de la méthode de Jersey pour la distribution des primes aux bestiaux, en attribuant à chaque catégorie d'améliorations, suivant son importance, un certain nombre de points; et les exploitations qui, eu égard à leur étendue, réuniraient le plus de points, seraient celles qui approcheraient le plus de la perfection. Selon les localités, selon l'état d'avancement de la culture, les améliorations auxquelles on attache le plus d'importance, on modifierait le nombre des catégories, le nombre des points que l'on attribuerait à chaque catégorie, et des points qu'il faudrait réunir pour qu'une exploitation fût, non primée, mais admise à concourir. Le tableau suivant indique suffisamment notre pensée, les moyens de la mettre en pratique, de la modifier suivant les besoins.

Pour être admise à concourir, nous pensons qu'une exploitation devrait réunir au moins trente points. Ces trente points, que nous indiquons comme exemple, ne sont pas beaucoup, ne paraîtront peut-être pas assez, si on remarque qu'avec quelques bons bestiaux on peut déjà facilement réunir seize points. Au reste, tout ceci est une théorie que l'expérience confirmera en la modifiant. Il faut, d'un autre côté, ouvrir la porte du concours aux exploitations de toute grandeur, et tendre à *signaler* dans *chaque commune* toutes les exploitations les mieux tenues. Ordinairement on ne donne de primes qu'à ceux qui se présentent aux concours : dans beaucoup de circonstances il y aurait certainement quelque chose de mieux à faire ; mais, au point de vue du but à atteindre, l'*enseignement agricole par l'exemple*, nous croyons qu'une partie très-importante de la mission des comices est, comme nous l'avons dit avec Dombasle, page 18, de *rechercher* dans *chaque commune* tous les faits agricoles dignes d'être signalés et de leur donner *la plus grande publicité*. Il peut arriver qu'à côté de celui qui obtient la prime pour son exploitation, parce qu'il s'est présenté au concours, il existe un laboureur qui n'a pas concouru, dont l'exploitation est égale ou supérieure, et n'en doit pas moins être signalée comme *exemple à imiter*.

PRIMES AUX EXPLOITATIONS AGRICOLES.

FOURRAGES.

Nombre de points

1° La moitié et plus des terres labourables en fourrages artificiels.   16

(*Herbacés* : trèfle (blanc, rouge, jaune, incarnat), luzerne, sainfoin, vesce, pois, lentille, etc.; ray-grass d'Italie, maïs, millet de Hongrie, etc.

Racines : Pomme de terre, topinambour, carotte, bette, navets divers, panais, etc.

Autres : Fève, chou branchu, ajonc, lupin, diverses plantes seules ou mêlées ensemble ou aux fourrages herbacés (seigle, orge, avoine, navette, sarrasin, moutarde blanche, navets à vert, etc.)

2° Le tiers au moins à la moitié des terres labourables en fourrages artificiels   12

3° La plus grande variété de fourrages artificiels............   6

4° L'introduction dans la *commune* d'un fourrage nouveau ; d'un meilleur mode d'irrigation, de tenue des prés, herbages ; la création de prés, d'herbages........................   6

BÉTAIL.

5° Un hectare de terre et moins à un hectare pour une tête de gros bétail ou l'équivalant en petit bétail..............   3

(Le total des têtes de bétail donnant un poids de...)

6° Un hectare et demi au plus pour une tête de gros bétail, etc.   4

7° Pour chaque producteur mâle et femelle ayant, d'une manière prononcée, les qualités propres à *améliorer* l'espèce du pays, suivant les aptitudes au travail de force ou de légèreté ; à la production *précoce* de la viande et de la graisse ; à la production d'un lait abondant et riche en beurre.

Les mâles servant à la reproduction :

Dans l'espèce chevaline.. 4

     id.   bovine 4

     id.   ovine 2

     id.   porcine.................................... 2

Les femelles pleines ou ayant produit :

Dans l'espèce chevaline... 2

     id.   bovine 2

     id.   ovine 1

     id.   porcine.................................... 1

8° L'introduction dans la *commune* d'une espèce de bétail nouvelle et meilleure ; d'un mode nouveau et meilleur de tenue, d'alimentation du bétail...... 4

(Pacage au piquet ; nourriture variée, fraîche, brisée, ramollie, cuite, fermentée, salée, etc.)

FUMIERS ET ENGRAIS.

9° La très-bonne tenue des fumiers et engrais *dans* et *hors* les étables, écuries, etc. ; leur production en plus grande quantité (1)... 12

10° Leur bonne tenue, etc............................... 8

11° L'emploi de la plus grande variété d'engrais............. 4

12° L'introduction dans la *commune* d'un mode nouveau et meilleur de tenue ou d'emploi des fumiers et engrais......... 4

---

(1) S'il n'existe pas sur la tenue des fumiers un arrêté de police affiché en permanence, on met ici les conditions les plus essentielles sur cette tenue. (Litière abondante, la plus courte, bien tassée, retenant toutes les urines, toujours sèche sous les bestiaux ; enlevée chaque fois qu'elle répand une odeur piquante ; fumiers montés sur une plate-forme, ou mieux dans une fosse de 2 mètres et demi de profondeur, en tas bien tassés de 2 mètres d'élévation, ne perdant pas leur purin ou jus, pourrissant *sans fumer* ; s'ils fument ou sont trop secs, arrosés avec du purin recueilli dans des fosses ; garantis contre le vent, le soleil, la pluie, les eaux pluviales courantes.)

(Fumures très-abondantes ; engrais liquides ; citernes à engrais ; engrais en poudre , terreux, tourteaux, guano, noir
de raffinerie , poudre d'os, etc.; plantes enfouies en vert ;
fumure en couverture ; éparpillement des excréments dé-
posés par les bestiaux sur les prés, herbages , pâtures , ou
rassemblement de ces excréments dans des fosses, etc.)

CULTURE.

13° Les terres qui rendent, en moyenne , plus de 25 hectolitres
de blé à l'hectare.. 8
14° Celles qui en rendent, en moyenne, 18 à 25 hectolitres..... 4
15° Le cours de récoltes le plus productif de fourrages, entrete-
nant la terre propre, meuble, féconde................. 8
(1re année de la fumure, récoltes *améliorantes, nettoyantes :*
fourrages, racines, ou fèves, sarrasin. -- 2e, récoltes *épui-
santes, salissantes :* (sol pauvre) orge , avoine et trèfle ;
(sol riche) blé de printemps ou d'automne et trèfle ou ray-
grass d'Italie, seuls ou mêlés.-- 3e, *améliorantes, nettoyantes :* trèfle ou ray-grass (les ray-grass, maïs, millet de
la famille des céréales sont un peu épuisants). -- 4e, *épui-
santes, salissantes :* blé, seigle , orge , avoine. -- 5e, de la
demi-fumure, *améliorantes, nettoyantes :* colza, chou branchu, sarrasin, vesce ou autre fourrage herbacé. -- 6^c, *épui-
santes, salissantes :* blé, orge, avoine.)
16° L'introduction ou l'emploi dans la *commune* d'instruments
meilleurs et nouveaux ; d'un mode nouveau et meilleur de travail.. 4
(Drainage, irrigation, labours profonds, de déchaumage, de
pulvérisation ; fumures très-abondantes ; récolte des foins
par fermentation, sur chevalets mobiles ; bottelage des
foins naturels et artificiels ; semaille des récoltes en ligne,
en touffe ; récolte des céréales à la faux, mise en moyettes,
battage à la machine, etc.)

Beaucoup de comices , qui donnent très-peu de publicité
à leurs programmes courts et insignifiants, probablement par
économie, regarderont sans doute, comme une dépense très-
improductive, l'impression et la publicité à un grand nombre
d'exemplaires, en affiche, en pages, en extraits d'un journal de
la localité, de programmes détaillés et instructifs, tels que ceux

que nous proposons. Ils ont raison, si leurs programmes restent ce qu'ils sont ; autrement ils sont dans une erreur très-grande et très-fâcheuse : il ne faut pas voir ce qu'une chose coûte, mais ce qu'elle rapporte ; or il y a peu de dépense plus productive que celle employée, tous les ans, à répandre en grand nombre des programmes bien faits, présentant un tableau abrégé des améliorations dont on désire l'introduction, car c'est la *publicité donnée à l'enseignement par l'exemple, par la pratique des meilleurs cultivateurs.* Il n'y a peut-être pas un moyen plus puissant, plus saisissant, plus direct, plus rapide de propager les améliorations agricoles.

Note B.[1]

Ecoles du Dimanche ; Méthode de Lecture.

Encore une institution, qui nous manque en France, où nous ignorons entièrement quel est le degré de civilisation des autres peuples, sous le rapport de l'instruction. L'Orient même est, jusqu'à un certain point, plus avancé que nous ; en Chine, chaque village a son école. Dans l'Amérique septentrionale, dans les États du nord de l'Europe, il y a un élève des écoles primaires sur 3, 5, 6, 7, 8 habitants ; en France, 1 sur 13 ; en Espagne, 1 sur 19 ; nous n'avons pour ainsi dire après nous que l'Espagne. Dans tous ces pays, on trouve aussi l'institution des écoles du Dimanche.

Chez les barbares du Nord, comme nous les appelons, où la fréquentation des écoles est généralement obligatoire pour tous les enfants, après la sortie de l'école élémentaire, l'éducation forcée continue pendant *deux ans* pour les adultes. Mais ce n'est pas tout ; les jeunes gens *des deux sexes* sont tenus de fréquenter aussi *chaque dimanche, pendant une heure,* les cours de l'école dite du Dimanche, et ce dans *toutes les saisons,* pendant *trois ans,* après la sortie de l'école élémentaire.

---

(1) Page 86.

En France, chaque citoyen a la liberté de rester dans l'ignorance et de faire jouir ses enfants des mêmes avantages ! La
liberté est une très-belle chose, mais c'est surtout la liberté de
bien faire ; quant à la liberté de mal faire, de ne pas faire instruire ses enfants, par exemple, nous la verrions volontiers
mise sur la même ligne que la liberté de ne pas payer de contribution, de ne pas satisfaire à la conscription et de ne pas obéir
à beaucoup d'autres lois et règlements. Puisqu'on force bien
un père d'envoyer à l'armée son fils unique, son seul soutien,
sa seule consolation, pour payer de sa vie peut-être la défense
d'intérêts, qu'il ne comprend pas et qui le touchent ordinairement de fort loin ; pourquoi ne forcerait-on pas un père d'envoyer à l'école tous ses enfants, pour y acquérir une instruction, qui leur apprendra à comprendre leurs intérêts les plus
chers et à savoir s'en occuper avec fruit. Rien ne serait plus
naturel et plus conséquent.

Ce défaut d'instruction primaire, presque général, des Français, et par conséquent des laboureurs, est un des plus grands
obstacles à la propagation de l'instruction agricole, et il serait
bien utile de pouvoir y remédier. Les écoles d'adultes des
dimanches et fêtes seraient un des moyens les plus praticables ;
mais il n'y a que 55 dimanches et fêtes ; il faudrait donc avoir
des méthodes de lecture, avec lesquelles on pût montrer à lire
à ces adultes au moins en partie en 55 jours, ou du moins des
méthodes telles qu'ils fissent des progrès assez rapides, pour
qu'ils les vissent ; pour ne pas se décourager ; pour entrevoir la
possibilité d'arriver assez promptement au but de leurs désirs ;
pour apprendre, étudier presque seuls.

Ayant fait, en 1834, des conférences aux instituteurs de l'arrondissement de Fougères, et ayant, en 1837, organisé à Fougères la première salle d'asile du département, nous avons,
surtout en vue des enfants des salles d'asile, des laboureurs
adultes et des soldats, publié, à diverses époques, plusieurs
écrits relatifs à l'instruction primaire ; et nous étions arrivé, en
1847, à créer une méthode de lecture, que nous croyons
propre à enseigner rapidement la lecture aux adultes surtout ;
mais cette méthode a le défaut très-grand d'obliger les instituteurs à apprendre une chose nouvelle et à enseigner autrement
qu'ils ne le font. Cette méthode est basée sur les observations
suivantes :

La meilleure marche à suivre, pour enseigner quoique ce soit, c'est d'aller du connu à l'inconnu, du simple au composé, du facile au difficile. Celui qui apprend à lire *sait parler*, et il a appris à parler par routine, sans fatigue, sans connaître ni le nombre des sons et des articulations (voyelles et consonnes), ni leurs noms ; il a parlé d'abord les mots les plus simples, puis des mots de plus en plus compliqués, avant de parler couramment. Il doit apprendre à lire de la même manière, sans connaître le nombre des lettres, ni leurs noms, en *lisant sur sa parole*, d'abord les mots les plus simples, puis des mots de plus en plus compliqués, en ayant un livret de lecture, tel que celui que nous avons publié, où les mots sont gradués, groupés, coordonnés de telle sorte que chaque groupe de mots ne contient qu'une seule lettre nouvelle ; que les groupes qui se succèdent sont composés de mots dans lesquels n'entrent que des lettres déjà connues, et que les mots sont rapprochés de manière que les deux mots qui se touchent se ressemblent à une ou deux lettres près.

On *parle* lentement devant l'élève les mots du livret ; par exemple le premier mot *papa*, on le lui parle et on le lui fait *parler* comme il suit, selon la méthode ordinaire (1) :

Puis on le lui fait lire de la même manière, et on essaie, soit en faisant parler le mot, soit en le faisant lire, de lui faire comprendre le mécanisme de la parole, de la lecture par routine, par instinct, mécaniquement, par l'oreille, en s'aidant des doigts, de caractères mobiles, coloriés ou non, de caractères écrits à la craie sur le tableau noir. Ensuite on lui dit le nom des lettres, qui entrent dans le mot papa ; on lui demande de dire de mémoire ce qu'il faut pour écrire papa. Si on lui apprend à écrire de suite et en même temps qu'on lui apprend à lire, ce qui est la meilleure marche à suivre, on lui fait écrire à la craie

---

(1) Papa pa-pa p-a-pa p-a-pa pa-pa papa ;

Ou tel qu'il est détaillé au livret. Pour des raisons qui sont indiquées dans notre brochure, *Observations sur l'Enseignement élémentaire*, nous pensons qu'il pourrait y avoir avantage à détailler la parole, en nommant d'abord les sons, les voyelles, ne prononçant pas séparément les articulations, les consonnes ; en ne les prononçant qu'avec les sons qui les suivent. Cela conduit à ne lire que par syllabes, comme l'on *parle*, ce que nous croyons meilleur. Exemple :

Papa pa-pa a pa a pa pa-pa papa.

sur le tableau noir, ou on lui fait calquer à l'encre sur transparent, ou sur tracé au crayon, les mots qu'il a parlés et lus.

Par cette marche, qui est l'enseignement de la lecture et de l'écriture par l'étude de la parole *connue*, *la plus simple*, *la plus facile*, l'élève lit dès la première leçon sans fatigue ; on l'habitue, sans qu'il s'en aperçoive, à s'écouter, à s'entendre, à se voir parler ; chaque pas qu'il fait est pour lui une découverte, un progrès qu'il comprend ; il reconnaît que savoir parler, c'est presque savoir lire, qu'il pourrait inventer l'écriture. Chaque parole qu'il apprend à écouter, à lire, à écrire, est une clef, qui lui sert pour apprendre une autre parole.

Quelques instituteurs ont fait, en totalité ou en partie, l'application de cette méthode, et nous ont dit l'avoir fait avec succès ; mais, ayant quitté l'administration en 1848, le temps et les occasions nous ont manqué pour nous édifier entièrement sur sa valeur.

FIN.

ERRATA.

—

FAUTES A CORRIGER.

Page VIII, ligne 10, *une fois*, lisez : *une fois plus.*
Page 17, ligne 32, *refutent*, lisez : *refusent*
Page 83, ligne 21, *ils*, lisez : *elles.*
Page 84, ligne 9, *inovation*, lisez : *innovation.*
Page 95, ligne 2, *gricoles*, lisez : *agricoles.*
Page 167, ligne 39, *épizotoies*, lisez : *épizooties.*

TABLE.

Fougères, imp. A. DOUCHIN. — 1856.